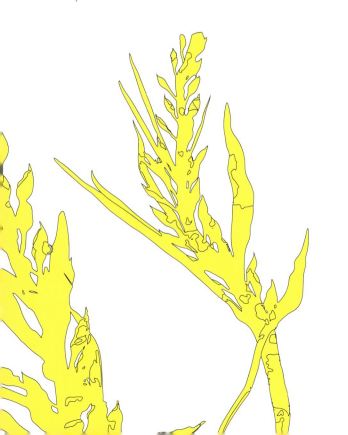

可持续食物
设计方法与案例

景斯阳　刘诗宇　著

机械工业出版社
CHINA MACHINE PRESS

本书从多个维度全面介绍了可持续食物设计方法与案例，是一本系统整理食物设计相关研究和设计方法的特色书籍，它可以供对乡村振兴、品牌营造、可持续饮食、低碳消费、食品溯源、可持续消费引导、生态包装等食物设计相关议题感兴趣的设计师、设计从业者参考，也可以作为设计领域师生的学习研究参考书。

图书在版编目（CIP）数据

可持续食物设计方法与案例/景斯阳，刘诗宇著 . — 北京 ：机械工业出版社，2024.6
ISBN 978-7-111-75905-8

Ⅰ.①可… Ⅱ.①景… ②刘… Ⅲ.①食品－设计 Ⅳ.①TS972.114

中国国家版本馆CIP数据核字（2024）第105952号

机械工业出版社（北京市百万庄大街22号　邮政编码100037）
策划编辑：徐　强　　　　　　　　　　责任编辑：徐　强
责任校对：郑　婕　张亚楠　　　　　　责任印制：李　昂
天津市银博印刷集团有限公司印刷
2024年8月第1版第1次印刷
184mm×260mm · 9印张 · 233千字
标准书号：ISBN 978-7-111-75905-8
定价：89.00元

电话服务　　　　　　　　　　　网络服务
客服电话：010-88361066　　机 工 官 网：www.cmpbook.com
　　　　　010-88379833　　机 工 官 博：weibo.com/cmp1952
　　　　　010-68326294　　金 书 网：www.golden-book.com
封底无防伪标均为盗版　　机工教育服务网：www.cmpedu.com

序

大变革与新实验教材
中央美术学院设计学科的思考

　　齐泽克的《意识形态的崇高客体》前言，讨论了这样一种情境：每当一个学科遭遇现实巨大变化时，就会面临两种选择，一种是"托勒密化"过程，一种是"哥白尼革命"。"托勒密化"意味着传统地心说得到维护并向纵深发展，它是在原有学科内部补充论点，对异常现象进行细密化阐释，从而消化掉新变化。"哥白尼革命"意味着日心说取代地心说，它是一次真正的革命，即从根本上放弃原有学科的底层逻辑，彻底转换基本框架，发展新的理论范式介入现实。

　　齐泽克的路径之辨与选择之问，对各个学科都有必要。实际上，这也是 2015 年至今，中央美术学院设计学院七年教学改革所严肃思考的问题，即设计学科发展、设计教学改革及其记录之物——教材，应该以"托勒密化"策略，还是"哥白尼革命"路径参与这个时代。回答这个问题至少需要三点思考。首先需要准确识辨当前时代变化的性质，是大变化，还是小变化？以此作为设计学科改变强度的根本依据。其次，清晰地研判设计学科哪些知识边界将被拓展，哪些知识内涵将会消失，哪些知识维度需要提升，哪些知识基础需要深耕？以此作为设计教育内涵改革的理性知识依据。最后，重新思考急剧发生变化的设计学科教学究竟需要何种教材。是以成熟知识体系介绍为主的回溯性教材，还是以前沿知识探索为主的实验性教材？本文将以齐泽克的两种范式之辨为线索，以此次设计学院设计学科教学改革丛书计划与阶段性结果出版为契机，深入思考大变革时代为什么需要新实验教材。它是从六个层次引发的连锁思考。

　　一是时代之变引发学科之变。大变革时代与过渡时代是两种不同的社会条件，大变革时代的价值体系与伦理体系、主要矛盾与次要矛盾、社会条件与技术条件、中心关系与边缘关系都会发生变化。这种变化的剧烈性与速度之快远远超过小变革的过渡时代。大变革往往是一系列顶层设计的产物，而小变革往往是缓慢改变的累积。大变革时代与过渡时代面临的问题性质有根本上的不同，不仅问题的尺度不同，问题的强度、复杂度都会不同，从而必然导致学科的目标不同，内涵不同，结构不同，工具不同，路径不同。从某种意义上说，每一门新学科的建立，都发生在大变革时代。每一门新学科的发展方向与速度，也都由大变革决定。现代学科的历史发展无法离开不同的时代条件，现代学科也正是在回答时代任务与社会需要时内涵才真正获得发展。总而言之，大变革往往是学科从无到有与获得较大发展的时期，必然催生学科发展的"哥白尼化"，小变革往往是学科发展不断精细化与逐渐充实的时期，必然导致学科发展的"托勒密化"。这两个时期往往交替进行，影响学科他主性与自主性的分配比例，也影响学科的核心内涵，这种变化最典型的体现就是学科的命名。

二是学科之变引发命名之变。百年来的时代变局引发中国设计学科五次命名改变。20世纪早期中国设计类课程兴起，以"图案""实用美术"命名，是民国现代化进程的反映，与早期工业化往往从手工艺、纺织业、瓷器制造开始初步产业化有关，也是中国被卷入资本主义市场体系的必然结果。正是时代大变局带来设计实践与教育的初次巨变，这是一次"哥白尼式"的变化。20世纪50年代到90年代，中国的工业化、城市化与现代化仍处于早期阶段，"工艺美术"成为与设计学有关的普遍流行的笼统概念，包括了传统工艺、现代工艺、民间工艺与初级工业相结合的基本内涵。从"图案"到"工艺美术"应该被理解为一次"托勒密化"的发展，虽然时代的条件改变了，但新中国的工业化仍处于初级起步阶段，所以学科命名必然只是在原有表述下对内涵的进一步丰富。1998年，教育部颁布《普通高等学校本科专业目录》，以"艺术设计"代替了"工艺美术"。这次变化可被视为一次"哥白尼式"变化。工艺美术命名之所以被取代，是因为此时中国工业化得到进一步发展，本次更名是对社会生产方式、工业化新阶段与现代化新阶段的反映。这是第三次命名改变。2011年，国家调整学科目录，"设计学"（1305）归入艺术学门类，与"艺术学理论""音乐与舞蹈学""戏剧与影视学""美术学"并列为5个一级学科，并且已经出现了艺术学学位和工学学位的两种授予方式。但这次变化仍可被理解为是1998年变化的"托勒密式"发展，因为它们都在中国工业化进程的逐步发展阶段。这是第四次命名改变。2022年设计学被归入交叉学科，可被理解为一次"哥白尼式"变化。其原因一方面是来自新时代国家在战略层面的总体规划，另一方面是工科与艺术两大教育体系的融合发展需求。在交叉学科目录里，设计学甚至与国家安全学这样的学科并列，这绝对是远远超出1998年与2011年的设计学命名与内涵表述，也是百年来设计学第三次出现"哥白尼式"的变化。也是设计学科百年来的第五次命名改变。

三是命名之变引发知识之变。设计学科的每一次命名改变，都会引发学科知识体系与内涵之变。比如，在欧美语境下，20世纪早期现代设计对19世纪艺术与手工艺命名的改变（例如20世纪20年代包豪斯对各种工艺美术学校的取代），20世纪中期以设计为主的命名（乌尔姆设计学院以及哈佛大学设计研究生院是这个时期的典型代表），20 世纪后期以设计学为主的命名（20 世纪 60 年代英国设计学科的体系化是这个时期的典型特色），以及 20 世纪后期设计研究等术语的出现（20 世纪 90 年代以英美为主的当代设计类院校都开始关注设计研究），都引发了设计知识内涵与方法的改变。设计学知识范畴的改变不但可以从设计学科的命名变化中看到，也能进一步折射同样来自时代之变的深层原因。20 世纪前期以工业设计为主的倾向与 20 世纪后期以信息设计为主的倾向，是 20 世纪工业生产方式从福特制物质生产转向后福特制非物质生产的必然反映。20 世纪 80 年代以来特别是 90 年代以来，随着信息与通信技术的发展，以及新一轮经济全球化的展开，全球产业分工与劳动分工不断分化并加速重组，呈现出愈发复杂的面貌，这必然导致设计学知识的几何级数增长。正是在这个意义上，我们将看到，一旦知识的增长方式发生革命性改变，就将从根本上改变设计教学的方式与设计研究的方式，也就会改变设计类教材的编写方式。

四是知识之变引发教材之变。对于本次大变革而言，新的教材不应嵌套在过渡时代的教材模板中，而应该重新构建知识的生成形式。大变革时代的教材范式应该呈现知识生产的现场状态，而不是局限在复述成熟知识谱系的状态中。换言之，在数字技术与大数据技术让一切知识即刻可查的背景下，学会如何利用知识生产新知识才是设计类教材最重要的任务。相对其他学科基本知识的稳定性，以解决问题为导向的设计知识的生命愈发短暂，短暂到我们不得不发明一种新的知识生产策略抵抗这种短暂。当任何一种设计策略与知识从出现到成熟到衰败的迭代周期越来越短的时候，静止的知识从它成熟的那一刻就已经开始面临死亡的威胁，所以，以成熟的体系化作为目标写作设计学教材是不现实的，也是不需要的。只有回归设计知识产生的那种生产性状态，我们才能获得一种活知识，一种处于"现在进行时状态"的知识，而不是"过去完成时状态"的知识。只有以实验状态面对此刻社会涌现的新问题，我们才能在社会现场发明新知识。就像将在中央美术学院设计学科教学改革丛书看到的，它是每一个教师最为鲜活同时不失深度的课程现场记录，它不回避调用一切历史资源，但不是为了怀旧，也不是为了复述，而是为回答现在，它将教会学生如何面对当下，从而展演知识生产的全过程，并且在这种探索性实验的全生命周期，师生们一起生成思辨性的知识状态，获得批判性的洞穿力，从而引发一种指向设计研究方法的革命。

五是以教材之变引发方法之变。设计研究方法应该成为交叉学科设计学的新基础，首先它要面对大变革时代的不确定性，通过"哥白尼革命"发明新方法；其次它也要面对大变革时代已经暗示的确定性，通过"托勒密化"过程使新方法不断成熟。教材只有以实验的姿态写作，才能写出当下性与针对性，但教材的完成也暗示了实验探索已经取得阶段性的成效，需要在另一个更大的社会平台继续实验。在这个意义上，"哥白尼革命"与"托勒密化"发展成为设计研究方法的两面，它们总是双向而行。一方面，每一本教材写作都是一次对已有知识的重新检视，一次反思性的知识解构，从而推进设计研究的"批判性跃升"。另一方面，每一本教材写作都是一次在地化的知识创新、生产与沉淀，在不断激活实践性探索的可能性边界之时，它也在某些领域形成经验的理论化与模型化，并在特定的环节将自身的经验扎入学科共识的底层。一旦多个探索性的教材形成星丛般的网络关系，它就会引发学科之变。

六是以方法之变引发学科之变。孔子所处的时代没有教材，只有对话，但这些对话后来引发了汉代儒学以及宋明理学的体系化发展。柏拉图所处的时代没有教材，只有对话，但这些对话推动了哲学体系的建构，甚至后来者的成就都源于与柏拉图不断地对话。对话是思想碰撞之物，是观点争辩之时刻，是一种热媒介，对话被文本记录之后成为教材。教材是后来之物，发明之物，教材是冷媒介。教材一旦固化就会成为静止的知识，只有回归对话体才是教材的起源——是教材的教材。在这个意义上，我们将景斯阳老师的这本图书看作是一次对话式的探索，是她与已有学科自然历史的对话，也是与当代环境危机的对话，更是师生同行协同进化的对话。

在这个意义上，这套图书的意义将浮现出来，即推动作为交叉学科设计学的学科之变并引发时代之变。以具有论辩性、实验性、对话性的方式书写，解释正在发生巨变的现实，不是在原有教材体系上深化与细密化，而是以新的理论底座与叙述框架，面对国家战略目标，以星丛化的个案聚而成群，建构有弹性的体系化知识生产，实现交叉学科设计学的"系统性建构"。这批实验性教材希望在全球变局与中国式现代化背景下，整合前沿探索与学科共识，知行合一地呈现未来设计学教育共同体集体想象、智识劳动与工作现场的微观场景剖面。

韩涛、张欣荣
2023 年 3 月于北京

前 言

2021 年，中国召开国家粮食安全与可持续发展对话研讨会，战略议题涉及中国粮食系统转型与政策支持、粮食减损与冲击应对、城乡居民的粮食安全与公平生计以及可持续的食物消费等。食物不仅是关乎民生的必需品，也是连接人与人、人与自然、人与社会的重要媒介。尽管食物设计是近十年来的新兴设计研究领域，但具有融合文化、生态、健康、社会的跨学科属性。尤其在后疫情与后碳的背景下，食物设计作为实现可持续发展路径之重要性逐渐凸显。

食物设计的起源与研究范畴，学者们众说纷纭，但大体可以将食物设计研究分为两个尺度上的研究：小尺度的"饮食、烹饪与体验设计"和大尺度的"生态、农业与系统设计"，涉及对自然资源、地理文脉、地域文化、气候条件、技术、健康、服务等维度的理解。从而，设计师通过食物设计带动新经济、新技术、新社会、新文化的发展。

其实，国内外很多高校已经开设食物设计相关的研究项目与课程，例如荷兰埃因霍芬设计学院创立的"食物非食物"（Food Non Food）本科项目，米兰工业设计学院的"食物设计与创新"硕士项目，以及江南大学设计学院、中国美术学院、香港理工大学设计学院、哈佛大学设计学院、哈佛大学公共卫生学院、哥本哈根大学可持续发展科学中心等院校的相关研究课题。作者所任教的中央美术学院设计学院，于2020 年成立了新的研究方向"危机与生态设计"，并且将食物设计研究作为重点研究领域之一，开设了食物设计相关的课题"气候货币计划——食物图景""食物地理学——从细胞到元宇宙"等，并开展了地方性食物设计的研究，与新疆艺术学院、云南艺术学院等院校合作，针对中国食物生产大省的重点食物展开研究。

本书以可持续食物设计为研究对象，从食物本身、食物的生产者、食物的消费者、食物的分解者、食物的生产工具、食物的服务等多个领域展开。本书可提供以下几个方面的价值：一是在理论层面上梳理可持续食物设计的方法，可持续食物设计的源流及研究范畴；二是收纳了众多可持续食物设计实践者、研究者、创作者的经典案例；三是拓展可持续食物设计领域的设计方向与研究议题。回答了以下问题：如何用食物来设计物种间关系？如何减少食物消费中的碳足迹？如何利用食物垃圾？极端气候条件下，如何生产食物？如何解决食品安全与营养问题？未来食物设计有哪些可能性？

本书的结构

第一章"可持续食物设计基础：理论与方法"对相关理论进行概括与总结。第一节"可持续食物设计概述"对本书所涉及的可持续食物设计进行了定义。第二节"可持续食物设计研究意义"提出后碳背景下食物设计的四维转化。第三节"可持续食物设计教学方法" 提出关于食物设计的跨学科教学，包括教学目标、知识结构、课堂形式、学生项目指导等。

第二章到第五章，每章从一个特定研究角度进行展开，分别是认知、思辨、场域、行动。第二章"可持续食物设计认知：食物与万物"从人类与食物的关系进行解读。首先在第一节"食物、身体与文化"中，选取经典读物片段，了解食物演变的历史与全球营养问题，并帮助理解食物与文化的相互塑造关系。第二节"食物的多元认知"从"为什么""是什么""怎么做"三大角度进行梳理。第三节"可持续食物设计认知研究议题"选取棕榈油、鲑鱼、糖、泡菜等作为设计研究对象，具体分析设计方法、设计过程、设计问题与设计媒介。

第三章"可持续食物设计思辨：生态与危机"主要探讨整个粮食系统与可持续发展的关系。第一节"食物与生态系统"总结了食物与生态相关的概念以及对生态的影响，包括甜甜圈模型、食物里程、碳足迹等。第二节"可持续食物系统与危机应对"梳理了可持续食物系统的变革方向：可持续的食物生产、食品供应链和健康膳食与消费等。第三节"可持续食物设计思辨研究议题"挑选了当今食物领域的重大关注点，主要包括：粮食多样性与全球变暖、食物浪费与环境危机、厨余垃圾与可持续生活，并选取了相关的设计案例。

第四章"可持续食物设计场域：城市与社区"将食物作为一种基础设施推动城市的发展。第一节"食物与城市发展史"讲述了农业与古代城市、现代城市理论与食物规划、当代可持续思潮等。第二节"城市可持续食物变革与健康社区"针对可持续的城市食物生产、城市食物浪费与食物共享、社区食物地图展开。第三节"可持续食物设计场域研究议题"围绕不同的空间尺度展开研究，案例包括：家庭尺度－厨余垃圾再利用；社区尺度－文化社群；地域尺度－种植与贸易；系统尺度－游戏与城市。

第五章"可持续食物设计行动：远见与赋能"汇集了食物设计经典展览与食物设计经典案例，帮助了解全球范围内食物设计相关展览及其讨论话题，并从策展和设计的角度出发思考食物设计研究与实践以及在食物设计领域设计师的详细讲座实录。附录包含了中央美术学院设计学院对新兴学科危机与生态设计进行的探索与成果。

本书的阅读路径

本书是一本系统整理可持续食物设计相关研究的书籍。它可以作为对食物系统设计、食物体验设计、食物生态设计以及相关的可持续设计、生态设计、低碳设计、环境设计、乡村振兴设计等议题感兴趣的教师与设计研究者、设计学生的工具型书籍。它也可以作为食物系统相关生产企业、消费型企业、ESG 导向的企业的参考书籍。它还可以作为需要开设可持续设计理论课的教材读本，以及需要开设复合型创新设计课程的结构型指导教材。

因此，本书有多种读法。读者可以按照先后顺序阅读每一个章节，也可以按照兴趣单独阅读某一个章节。另外，本书也可以作为一本食物设计方法手册，读者可以根据关键词进行查阅。

致谢

本书的完成离不开各方的支持。首先感谢中央美术学院设计学院提供的出版支持。感谢中央美术学院范迪安院长对设计学院新学科发展的支持；感谢设计学院宋协伟院长在教学改革的进程中全力支持危机与生态设计学科的发展，让本学科有巨大的发展空间与平台；感谢设计学院张欣荣副院长在教学与学科建设中给予的支持；感谢韩涛副院长在出版全阶段的统筹和指导。

感谢机械工业出版社的徐强编辑反复耐心审核校对。感谢在本书出版过程中协助排版的同学巩毅、柳思缘、刘铭、赵恒阅、黎超群、檀松冶。

目 录

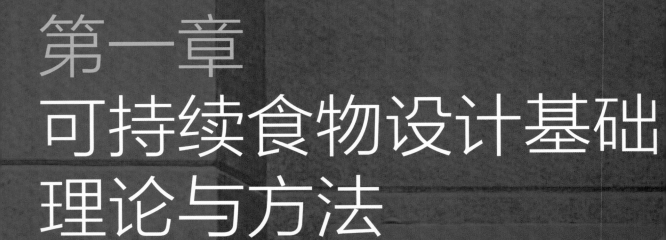

第一章
可持续食物设计基础理论与方法

"食物设计思维是激发创造力，导向创新性、价值感和可持续的设计过程，并为一切与食物相关的产品、服务、活动和系统提出创造性的提案。"

——弗兰切斯卡·赞波洛 (Francesca Zampollo)

意大利食物设计研究学者

第一节
可持续食物设计概述

食物是全球生态危机中一条不可忽视的线索。联合国指出新冠疫情发生前全球饥饿人口数量已在上升，疫情带来的危机可能使全球饥饿人口增加至 8300 万 ~1.32 亿人。[1]2021 年，中国召开国家粮食安全与可持续发展对话研讨会，战略议题涉及中国粮食系统转型与政策支持、粮食减损与冲击应对、城乡居民的粮食安全与公平生计以及可持续的食物消费等。[2] 食物不仅是关乎民生的必需品，也是连接人与人、人与自然、人与社会的重要媒介。本节首先回顾了食物设计的起源与研究范畴，并在总结中外研究角度的基础上，定义了可持续食物设计的目的、对象和研究重点，为本书接下来的讨论奠定基础。

1.1.1 食物设计的起源与研究范畴

最早的食物设计可以追溯到远古时代狩猎与农用工具的设计，[3] 然而当代食物设计的起源颇有争议。有的学者认为食物设计缘起于法国。[4] 西班牙设计师马丁·古谢（Martí Guixé）认为食物设计诞生于人们用面包代替手套，夹着香肠进行食用那一刻创造出了可以食用的有效工具。[5] 古谢自身被广泛认为是向世界介绍了食物设计这一概念的第一人。[6]1997 年，古谢基于在巴塞罗那 "SPAMT" 展览中的行为艺术项目，提出 "食物设计" 的概念。虽然经过室内设计与产品设计的科班训练，但古谢仍从固有的限制和障碍中挣脱出来，用食物设计改变人们的习惯和日常生活，例如，通过 3D 打印技术创造不弄脏手就可以吃到的加泰罗尼亚特色番茄面包。然而，马格林则认为食物设计的概念直到 2010 年左右才被广泛提出。[7] 与此同时，2014 年埃因霍芬设计学院推出世界上第一个食物设计学位。该学位的创始人玛瑞吉·沃格赞（Marije Vogelzang）也因此被认为是 "食物设计之母"。

食物设计研究和设计思维一脉相承。马格林将食品研究与设计研究做类比，认为两者皆主题宽泛、难以界定。从餐桌上的菜品创新到非洲的饥荒，从替代性蛋白质到食品废料创新，从饮食体验到人工智能农场都是食物设计。也就是说，器物设计、消费空间、技术、制造、流通销售、消费都属于食物设计的范畴。类似的，另一位食物设计研究学者弗兰切斯卡·赞波洛（Francesca Zampollo）则将设计思维引申为 "食物设计思维"（Food Design Thinking），包括 8 个角度：食品设计、食器设计、

[1] 联合国 . 2021 年可持续发展目标报告 [EB/OL]. (2021-08-18)[2022-07-13]. https://unstats.un.org/sdgs/report/2021/The-Sustainable-Development-Goals-Report-2021_Chinese.pdf.

[2] 中华人民共和国农业农村部国际合作司 . 联合国粮食系统峰会中国国家对话会报告 [EB/OL]. (2021-04-26)[2022-07-13]. https://www.moa.gov.cn/xw/gjjl/202107/t20210715_6371981.htm.

[3] 马格林 . 人造世界的策略 [M]. 金晓雯，熊嫕，译 . 南京：江苏美术出版社，2009.

[4] 杨旻蓉，何颂飞 . 食物设计视域下食物传播现象研究——以社交平台为例 [J]. 设计，2021, 34(17): 36-38.

[5] Guixé M, Rofes O. FAQ Food Design[EB/OL]. (2015-07-27)[2022-07-13] https://medium.com/@CorrainiEd/faq-food-design-45af95c1c237.

[6] LinYee Yuan. Martí Guixé Takes Aim at Food Design with Cross Bones and a Slingshot[EB/OL]. (2018-07-14)[2022-07-13]. https://thisismold.com/profile/marti-guixe-20-years-food-design.

[7] 马格林，汪芸 . 设计研究与食品研究：平行与交集 [J]. 装饰，2013(02): 54-63.

烹饪艺术、食物服务设计、批判性食物设计（提升食物或社会意识的概念设计）、食物分销及供应链设计、可持续食物设计、饮食设计。[1]

由此可见，食物系统是一个"开放的复杂巨系统"，正如布鲁斯·马里恩（Bruce Marion）在 1985 年对食物系统（Food System）下的定义一样："食物系统是农业与下游经济主体之间各种关系的总和。食物研究包括食品、和食品相关的物品，以及所有过程和基础设施：种植、收获、加工、包装、运输、营销、消费、分配和处置。"[2] 我们的研究基于对中外设计师设计与教学实践的分析，将以往的食物设计分为两大领域。

1.1.2 食物设计的中外研究角度

1. 饮食、烹饪与体验设计

沃格赞在埃因霍芬创立的"食物非食物"（Food Non Food）本科项目中，从感官、自然、文化、社会、技术、心理学、科学和行动八个维度探索食物与设计的可能性，但最终的设计落点主要围绕"吃"这个行为，聚焦饮食体验。她用"饮食设计师"（Eating Designer）而非食物设计师（Food Designer）描述自己的角色。例如，她在策划的"吃·爱·布达佩斯"（Eat Love Budapest）展览中通过观众的饮食体验消除对吉卜赛人的种族歧视。饮食空间被白色的垂帘分隔成 10 个独立的包房，每一个空间内都挂有吉卜赛人的照片和生活用品。观众坐在其中被吉卜赛人以勺子喂食，并聆听他们的故事。这场有仪式感的饮食变成食客对吉普赛文化的独特记忆。相较而言，米兰工业设计学院的食物设计与创新硕士项目则致力于研究如何让食物更加人性化，更具互动性。古谢作为项目的教师引导食品行业设计师研究包括食物生态、食物政策、食物科学、饮食仪式、饮食习惯以及食物浪费等议题。

国内的食物设计课题大多围绕饮食与文化展开。江南大学 2007 年就发表了饮食文化的课题研究，围绕"厨房—烹饪—进餐"进行设计。[3] 张凌浩认为，食物设计承载着美学、记忆、文化意义与价值观，包含对食材自然性的认知、人与食物间的互动、包装设计元素等。[4] 同样，北京服装学院的何颂飞于 2015 年起着重研究在中国文化语境下的食与食养。此外，中国美术学院的胡方开设的食物设计课程以味觉的感知系统与饮食文化重构，烹饪体验与饮食剧场构建为主线，并发起了探讨人类饮食欲望"吃豆府"（ChiToFu）的实验艺术食物设计项目。[5] 在饮食空间方面，清华大学美术学院的梁雯探讨空间与叙事的关系，把食物作为模糊之物，是一种象征与叙事的引子。[5]

2. 生态、农业与系统设计

更大尺度的食物设计研究聚焦在食物与生态、公共健康、农业体系、景观设计等交叉领域。以哈佛大学为例，哈佛大学设计学院、公共卫生学院开设了多门课程。景观建筑系导师塞拉特·邦维希·罗西奇（Montserrat Bonvehi Rosich）开设的"我们所吃的景观"（The Landscape We Eat）课程旨在探索食物系统与其地貌、气候、基础设施、时间和文化之间的关系。另一门"我们所吃的沙漠"（The Desert We Eat）则是将重点更聚焦在农业用水、旱地饮食、生态活动以及文化习俗之间的关系。公共卫生学院副教授加里·阿达姆凯维茨（Gary Adamkiewicz）在环境健康领域开设了课程"从农场到餐桌：为什么你吃的东西很重要"（From Farm to Fork: Why What You Eat Matters），旨在通过研究营养、农业和环境科学、职业和人类健康，以及经济学和伦理学来为人类和地球选择最健康的食物，并用合适的工具和科技创造出来。哥本哈根大学可持续发展科学中心（Sustainability Science Centre）开设的线上公开课程"全球粮食系统转型"（Transformation of the Global Food

[1] Zampollo F. Food design thinking DIY: The creative process to design food products, food services, food events, and dishes [M]. Independently published, 2021.

[2] Marion BW. The organization and performance of the U.S. food system [J]. Proceedings of the National Academy of Sciences of the United States of America, 1985, 79(2)：59-65.

[3] 张凌浩，过伟敏. 整合型设计教学模式的研究与饮食文化课程项目实践 [J]. 装饰，2007(11)：92-94.

[4] 胡方. 系统的食物设计构画未来生活方式 [J]. 装饰，2021(03)：48-60.

[5] 梁雯. 冷眼旁观、收藏家和讲故事：一个环境设计课程的教学案例 [J]. 装饰，2018(03)：120-123.

中央美术学院设计学院危机与生态设计方向食物地理学课程部分学生作品

System），研究重点是食品系统如何能够变得更加可持续，包含了四方面的策略，分别是：细微改善、巨大变革、减少浪费、智慧饮食。

国内对可持续食物系统的研究也越来越重视。香港理工大学设计学院亚洲风尚设计研究实验室的梁町，曾发表文章对可持续设计语境下的食物产消服务进行反思。文章首先提到肉消耗增长与食物消费为代表的中国食物困境，其次概括了以产品、使用、结果、体验为导向的食物服务系统，然后提到了关注有机食品、食物消耗的可持续食物设计方法，最后是为生态、经济、系统创新、大众服务的设计原则。[1] 江南大学的张凌浩认为食物系统设计是食物设计的重要方面，他强调设计师应为未来食品系统提供新型解决方案，考虑体验、技术、便利、民主参与、社会责任、社会教育等方面的问题。食物的创新设计从回归五感、回归东方生活哲学走向由新经济（开发、服务系统、商业创新、扶贫等）、新社会（可持续、社交、赋能、健康等）、新技术（制造、配送、处理、定制等）所构成的复杂社会系统。中央美术学院设计学院危机与生态设计方向 2021 年到 2022 年开设了两门食物相关的课程，分别是"气候货币计划——食物图景"与"食物地理学——从细胞到元宇宙"。前者以食物为线索，旨在引导学生通过跨学科领域的研究理解食物是如何连接人类活动与生态系统、个体经验与集体文化、经济体系与气候危机等领域，构成当今世界的图景。研究主题包括：食物与身体、文化与身份、食物系统与生态、食物与城市、设计赋能等。研究范围跨越极小尺度(Extra Small) 的分子合成技术到极大尺度 (Extra Large) 的星球粮食战略。后者同样用不同的尺度为研究框架，在想象地理学的基础上通过绘图术（mapping）来分析与理解特定食物在空间、地理学上的历史发展、生产制造、消费与传播方式。

[1] 梁町，童慧明 . 迈向 "因数 10" 减耗的中国经济：重塑交通和食物消费的可持续设计案例 [J]. 装饰，2009(06)：64-72.

1.1.3 可持续食物设计

由此可见，食物设计的视角广泛而多元，但尚未形成公认的、有递进的、有逻辑的教学和研究体系与设计准则。因此，在整合前人研究的基础上，本书提出一个新的可持续食物设计研究框架，主要应对大流行病、气候变化与经济萧条带来的危机。

可持续食物设计是以食物设计为手段，以人类健康和生态可持续为目的，面向系统与未来的设计。可持续食物设计的对象包括食物系统的各个层级，既包含个体尺度的饮食、烹饪与体验设计，也包含更大尺度的生态、农业与系统设计。值得注意的是，可持续食物设计并不新在研究对象，而重点在于食物串联起的系统，引发出对资源、产业、消费的重新审视。可持续食物设计回应了在危机与后碳时代中的以下问题：如何用食物来设计物种间关系？如何降低食物消费中的碳足迹？如何利用食物垃圾？极端气候条件下，如何生产食物？如何解决食品安全与营养问题？未来食物设计有哪些可能性？正如"可食用的未来"（Edible Futures）展览提出的"用吃改变世界"的理念，旨在引发对可持续食物设计价值的重新思考，通过可持续食物设计反思当今复杂系统，以及在每一个环节提出设计应对危机的方法。

部分原文发表于《南京艺术学院学报》（美术与设计）2022 年第 5 期。

第二节
可持续食物设计研究意义

疫情时代食物相关问题日益凸显，气候变化带来的环境压力与日俱增。同时，我国近年来特别强调"碳达峰""碳中和"的目标，并大力推进生态文明建设和美丽中国建设。越来越多的可持续设计议题都转向后疫情时代的研究。在此背景下，我们提出四个食物设计研究重点的迁移与转化，旨在：在跨尺度中理解复杂的食物系统，培养全局意识；在隐含关联中精确定位危机关键并寻找结合时代语境的弹性解决方案。

后碳背景下，可持续食物设计的四种思维转化分别是：以"人"为中心转向以"生命"为中心；以"物"为中心转为以"超物"为中心；从"体验"经济转为"后碳"经济；为"消费"设计转为为"危机"设计。

1.2.1 以"人"为中心转向以"生命"为中心

1. 生命共同体

生命共同体指的是关注食物中的动物、植物甚至微生物的权利，关注物种的多样性，为反物种灭绝做出贡献，即策展人宝拉·安东内里所提到的设计的"物种间"责任。[1]

在动物权利方面，西格弗里德·吉迪恩（Siegfried Gidion）曾在《机械化统领一切》（Mechanization Takes Command）一书中追溯了诸如屠宰场的机械化设计，包括捕捉和悬挂生猪的装置、"千刀"切割机等一系列恐怖流水线设计。[2] 谭君妍的设计作品"如何消费 Romie18"与"0.9 克黄铜"就是揭露食品生产系统中的不透明性。作品通过设计师在荷兰农场领养的奶牛 Romie18 的视角，跟踪与这头牛有关的食物的全过程，并通过这种了解去改善人们对食物的态度，让他们自主选择食物种类，改善异化了的人与自然、动物的关系。

在物种多样性方面，饮食种类的多样性不仅能保证人类的健康，也能为整个生态系统稳定做出保障。人类食用的植物曾有 6000 多种，如今，却在大幅缩减。时任乳制品巨头达能 CEO 的埃马纽埃尔·法布尔（Emmanuel Faber）说："我们以为通过科学就可以改变生命的循环及其规则，就可以用单一作物来养活自己，将世界上大部分的食物供应建立在少数几种植物上。这种方法现在已经破产了，我们一直在毁灭

[1] ANTONELLI P，TANNIR A. Broken Nature: Design Takes on Human Survival [M]. New York：Rizzoli Electa，2019.

[2] GIEDION S. Mechanization Takes Command: A Contribution to Anonymous History[M]. Oxford:Oxford University Press, 1948.

生命，现在我们需要恢复它们。"[1] 为了回应这个问题，黎超群的作品"无尽的自然：为多样性设计"通过 Style GAN 技术对历史上世界各地大量小麦与水稻样本进行演化分解，设计出未来小麦的新物种可能性，为粮食遗传学家提供启发。

在反物种灭绝方面，玛蒂尔·博尔豪尔（Matilda Boelhauer）设计的仿真花试图通过增加城市中的花卉数量来帮助昆虫再次繁衍。在过去 20 多年里，昆虫的数量减少了 75% 左右。全球变暖、杀虫剂的使用，以及食物和栖息地的缺乏是主要原因。然而昆虫的传粉又是植物产出果实的重要条件，设计师通过设计恢复食物链，为昆虫传粉、果实生长提供必要条件。

2. 多物种间的跨界融合

关注更广泛的生命体成为保证未来人类福祉的可持续发展方式之一，《生物设计》一书作者威廉·迈尔斯（William Myers）预言："合成生物学的前途与可利用性会像 html 标准奠定了网络基础一样奠定新一代设计方式的发展。"[2] 例如，合成生物学可以帮助设计师合成人造肉来替代牛肉，可以从土壤霉菌中提取食用蛋白质，也可以从人类细菌中培养奶酪。合成生物设计鼻祖之一奥伦·卡茨（Oron Catts）在"无受害者技术乌托邦"（2000—2008 年）项目中探讨了利用组织工程技术创造试管肉。现代牧场（Modern Meadow）设计工作室的科学家和设计师使用糖喂养转基因酵母来生产胶原蛋白，用生物组织工程在体外生成肉进行应用。下一代自然（Next Nature Network NNN）推出了未来饮食菜单，包括用没有真鹅的友好鹅肝，用超长的培养组织串成的针织牛排，以及体外培育肉冰淇淋，还有人工合成的透明生鱼片。

1.2.2 以"物"为中心转为以"超物"为中心

1. 全球性与地域性

哲学家蒂莫西·莫顿（Timothy Morton）提出"超物体"（Hyperobjects）一词，指物在时间和空间上的大规模分布，以至于它们超越了本地化。[3] 事物的复杂性变成了一个"网"（mesh），所有的生物和非生物都被捆绑在一起。[4] 莫顿认为一支笔与气候变化一样复杂，都是超物体。这种物与环境之间复杂的相互关系体现在食物上尤为显著，涉及食物来源、供应链、季节性食物等问题。以麦当劳为例，加拿大温哥华港口的洪灾会引发日本麦当劳的"薯条慌"。原因是麦当劳薯条的土豆供应商来自

[1] SALADINO D. Eating to Extinction: The World's Rarest Foods and Why We Need to Save Them[M]. New York: Farrar, Straus and Giroux, 2022.

[2] MYERS W. 生物设计：自然、科学与创造 [M]. 景斯阳，译. 武汉：华中科技大学出版社，2022.

[3] MORTON T. Hyperobjects:Philosophy and Ecology after the End of the World[M]. Minneapolis: University Of Minnesota Press, 2013.

[4] SPANINKS A. Evolutions of Kin: Re-worlding the Digital Now and the Biotech Present.[EB/OL]https://www.resettheworkplace.com/evolutions-of-kin-re-worlding-the-digital-now-and-the-biotech-present-part-2/.

中央美术学院设计学院学生黎超群的作品"无尽的自然：为多样性设计"

[1] COLLINGHAM L. The Hungry Empire: How Britain's Quest for Food Shaped the Modern World[M]. London Vintage Digital,2017.

[2] GOODY J. 烹饪、菜肴与阶级 [M]. 王荣欣，沈南山，译. 杭州：浙江大学出版社，2010.

[3] CRIPPA M, SOLAZZO E, GUIZZARDI D, et al. Food Systems are Responsible for a Third of Global Anthropogenic GHG Emissions[J]. Nature Food, 2021, 2(3): 198-209.

景斯阳的作品"牛肉产业研究"

项目研究了牛肉生产中惊人的土地消耗和水足迹，从而提出整合宾夕法尼亚州的牛肉农场资源，开展叠加式、创新式农场资源设计，让农场的生态足迹减少到最低。

北美。周小楫在设计作品"文化样本"中追溯了西红柿炒鸡蛋的食材历史，揭示了这道最简单的菜品背后跨越 4 大洲、7000 多年的历史。再如比约恩·斯坦纳·布卢门斯坦（Bjorn Steinar Blumenstein）的艺术作品"香蕉的故事"，通过追踪一把香蕉在全球范围内的流通，突出了对非季节性和日常商品的需求所带来的问题，请我们反思食物的来源。艺术家为香蕉制作了"护照"，并跟随香蕉从厄瓜多尔到冰岛：30 天内在货船上行驶 12534 公里，经过 33 只不同的手来到冰岛的超市，然而最终却有三分之一被丢进了垃圾桶。

2. 殖民主义与阶级矛盾

托马斯·桑卡拉（Thomas Sankara）说："吃饭时看看你的盘子。这些进口的稻谷，如玉米、小米等，就是帝国主义。"[1] 殖民生产、贸易、交流、土地掠夺、农业创新和经济变革的历史揭示了食物与帝国千丝万缕的联系。美国人类学家西敏司的《甜与权力：糖在近代历史上的地位》叙述了在工业化早期糖如何从一件奢侈品化身为工业化量产的商品。卡拉·沃克（Kara Walker）的作品"微妙的问题亦或是不寻常的糖娃"（A Subtlety, or the Marvelous Sugar Baby）以糖制作的巨型雕塑回应了所处的废弃糖厂背后辛酸的劳动、压迫、种族等议题。另外一方面，食物生产制作与分配差异、消费差异和社会经济结构差异相结合，产生"高级烹饪"与"普通烹饪"由此体现出食物与社会阶层划分的联系，依据特定的阶级、身份、官职获得与之相匹配的食物分配。[2] 阿曼达·胡杨（Amanda Huynh）的作品"散居的饺子"（Diasporic Dumplings）就是为了实现人类平等和资源效率而创作。因此，作品中厨房从房屋中被移除，每个社区都有自己的饺子，用当地材料制作。饺子的形状具有象征意义，传达了关于政治和抵抗压迫性政府的信息。

1.2.3 从"体验"经济转为"后碳"经济

1. 碳排放

根据《Nature》杂志中的一项研究，粮食系统温室气体排放量大约占全球人为温室气体排放量的三分之一。其中，最大的贡献来自农业和土地利用（71%），其余来自供应链活动：零售、运输、消费、燃料生产、废物管理、工业加工和包装。[3] 因此，减少食物系统中的碳排放对减少全球碳排放有显著益处。

首先，减少食物生产中的碳排放。畜牧业的碳足迹是其他产业的数倍，这也是为什么前文提到的"替代性蛋白"成为未来的一种趋势。笔者的牛肉产业研究项目披露了牛肉生产中惊人的土地消耗和水足迹，从而提出整合宾夕法尼亚州的牛肉农场资源，开展叠加式、创新式农场资源设计，让农场的生态足迹减少到最低。艺术家组合赵与林的"等价交换——鱼类的生态足迹"项目以中国家庭最常吃的大黄鱼为研究对象，反映出过渡捕捞之下，用大量"野生鱼幼鱼"来供养"商业鱼"的产业内幕。由此可见，

以消费为导向的捕捞行为会对全球生态造成巨大的影响。

其次，控制食品运输中的碳排放。美国麻省理工媒体实验室研发出"变形美食"（Transformative Appetite）项目，通过对面食结构的研究，可以使其在包装内扁平，遇水后膨胀成各种形态，从而减少包装空间，在运输时提高效率，减少碳排放。有些餐厅直接在食物的餐盘上标明了菜肴中食物的里程，使消费者反思日常饮食中所不为人知的碳排放，从而有选择性地进行消费。

最后，提高食物的生产效率。美国的垂直农场和荷兰依赖高科技的农业生产方式，以及水耕法、空气培养法都代表了对低碳低能耗食物生产的探索。麻省理工媒体实验室的开源农业（Open Agriculture）项目设计了小型的数字化农作物成长系统，被称为"食物计算机"。"食物计算机"的所有者能够相互分享关于光照、水、养分和温度水平的完美组合的数据，为高科技室内农业创造一种开源的框架，用最少的资源培育出最美味的食物。

2. 食物浪费

展览"垃圾时代"（Waste Age: What Can Design Do）中提出地球的废物分为峰值废物（Peak Waste）和后废物（Post-waste）。后废物主要指菌丝、稻壳等可以循环使用的农业废物材料，食物废物也基本属于此类。GroCycle 的城市蘑菇农场项目研究如何通过堆肥将废物再利用，例如，用废弃的咖啡渣来种植牡蛎蘑菇。柳思缘的"食品垃圾再重塑"项目是把一家三口一周所产生的食品垃圾进行统计和分类，为他们提供了家庭自制生物塑料指南。Poonam Bir Kasturi 创办的 Daily Dump 公司设计了一款无臭味的家庭堆肥器，将处理厨余垃圾变成每个家庭社会责任的一环。

1.2.4 为"消费"设计转为为"危机"设计

1. 极端气候与粮食危机

疫情以来，世界饥饿人口又呈现增长的趋势，全世界大约有 11.3% 的人处于饥饿状态，大约有 8.05 亿人每天营养不良。贫困、资源分配不均、冲突、气候变化是造成这些现象的主要原因。如何在人口爆炸、粮食有限且深受气候变化影响的情况下吃饱？檀松冶的作品"ALGAE+：藻类作为缓解饥饿的方法"尝试以藻类作为营养补充剂，与在地食物结合的方式缓解因气候、冲突、自然灾害等原因形成的急性饥饿事件，并提高地区应对急性饥饿事件时的弹性。ALGAE+ 方案包含了从饥饿事件发生，

[1] POLLAN M. 杂食者的两难 [M]. 邓子衿，译 . 北京：中信出版社，2017.

到如何匹配藻类品种，藻类如何渗透到地区，再到如何培养并持续输出，最后如何融入日常饮食的整个流程。Ecologic Studio 和 Hyunseok An 也尝试将在家动手培养藻类来为自己的日常提供营养。藻类的培养高效、便捷且其营养丰富，常作为未来食物探索的一种材料。在极端干旱的条件下，设计师也尝试了弹性解决方案。沙基拉·贾萨特从开普敦干旱时期定期关闭水龙头以节约用水获取灵感，试图从冬季早晨的淋浴蒸汽和结霜的露水中收获水用来泡茶。作品 Tea Drop 机器被设计为通过冷凝大气中的水蒸气来泡茶的装置。

2. 食品安全与营养

联合国环境署发布的《衡量农业和食品系统中的重要因素》指出"我们的饮食如今已成为主要的疾病负担，超过 6.5 亿人遭受肥胖之苦，而且有超过 20 亿人受到营养失调的影响。"联合国可持续发展目标呼吁对农业和粮食系统进行重大变革，以便到 2030 年消除饥饿、实现粮食安全并改善营养状况。一方面，20 世纪 50 年代以来对农业化学品、转基因生物的滥用，导致土壤肥力丧失，粮食营养单一。Adriana David 的作品"柜台用餐"（Counter Meal）通过表演晚宴传达那一时期农业革命带来的粮食安全、土壤肥力与农民极端贫困的问题。另一方面，在对食物营养摄入问题上，消费者在被"营养师"和媒体的诱导之下经历了对红肉的惧怕、对碳水化合物的排斥、对维生素的追捧等阶段，现在又陷入"代糖"与"代餐"的陷阱。[1] 还有一个问题，就是现代人的营养过剩了，我们并不需要摄入多余的营养。Marije Vogelzang 作品 Volumes 就是通过设计增强进食中的饱腹感，从而控制过度饮食。

3. 未来食物

未来随着科技的发展与环境的恶化，我们是否会开发全新的方式来摄取必要的营养物质？Paul Gong 的"人类土狼"项目利用合成生物学来创造新的细菌，并利用新型工具改造消化系统，使未来人类可以像土狼一样消化腐食，以此来回应严重的食物浪费或是食物不足的情况。还有设计师设计了"数字调味品"，体验者可以通过脑部神经感受食物的味道而非品尝到真实的食物味道。Space 10 的《未来食物》整合了未来食物的设计实践，介绍了从"无肠热狗"和"海藻薯片"到"虫子汉堡"和"微型绿色冰棒"，以及如何使用替代成分进行美食创新的技术。

在疫情后全球经济下行的背景下，无论是围绕饮食本身的个体性的体验与感受设计，还是在更大尺度及跨领域的集体性的生态与系统设计，都更应该关注设计在食物危机层面的应对。事实上，可持续食物设计受到了多学科的关注并作为理解世界系统的钥匙。本书一方面总结了可持续食物设计领域学者的经验；另一方面提出去人类中心化、去消费中心化、去物品中心化、去消耗中心化的可持续食物设计模式，转而强调面向系统的、面向危机的、面向生命福祉的设计。

部分原文发表于《南京艺术学院学报》（美术与设计）2022 年第 5 期。

第三节
可持续食物设计教学方法

后碳背景下，全球粮食安全和生态危机是人类共同面临的重要挑战，培养青年对于未来可持续食物系统的思考与创新能力刻不容缓。以食物为主题的跨领域设计学科于 20 世纪末兴起于欧洲。21 世纪以来，世界各地的设计学院不断扩展这一学科的教学理论与实践，涵盖产品设计、工业设计、服务设计和生态可持续等方向，形成了丰富多元的教学成果。近年来，国内设计院校也陆续开设了相关课程，为这一领域的教学研讨提供了土壤。

"气候货币计划：食物图景"（以下简称"食物图景"）课程是笔者在中央美术学院设计学院危机与生态设计方向于 2021 年开设的三年级研究型课程。本课程以食物为线索，旨在引导学生通过跨学科领域的研究理解食物是如何连接人类活动与生态系统、个体经验与集体文化、经济体系与气候危机等领域，构成当今世界的图景。研究主题包括："食物设计认知：食物与万物""食物设计思辨：生态与危机""食物设计场域：城市与社区"以及"食物设计行动：远见与赋能"四个板块。本节以"食物图景"课程教学为例，探讨了这一新兴设计学科在教学目标、知识结构、课堂形式和学生项目四个方面的挑战与可能性，为相关领域的教学提供参考。

1.3.1 可持续食物设计教学目标

作为危机与生态设计方向"气候货币计划"的系列课程，"食物图景"课程一方面将食物作为研究对象，帮助学生建立对于这一复杂系统的多维度认知；另一方面，将食物议题视为今天全球生态危机的具象化体现，使之成为学生理解更广阔世界的抓手，帮助训练学生面向系统的、面向危机的、面向生命福祉的设计能力。课程共有以下四点教学目标。

1. 培养学生生态全局意识

自然界中的食物链和食物网将各个物种联系在一起，维持着生态系统的平衡。与自然漫长的演化相比，人类站在食物链上游的时间只是短短一瞬，但我们的饮食选择却对今天整个生物圈有着至关重要的影响。后碳背景下的食物设计教学需要学生跳出人类中心化的视角，在人类世和全球生态危机的背景下重新定位自己的切入点。

由于可持续食物设计领域的跨学科性和前沿性，教师在教学过程中可能会遇到以下挑战：

1）可持续食物设计并非传统的设计学科，尚未形成完备的理论体系，在教学中难以找到权威的教学资源。
2）相关学习资料分散在各个学科，需要教师有较强的资源整合和知识汇总能力。
3）前沿的理论和实践迭代速度快，需要教师不断更新自身知识储备，以开放的心态迎接新知。
4）设计学院的教师自身往往并未接受过相关领域的全面学习，需要和学生教学相长、共同探索。

2. 赋予学生跨学科研究思维

食物系统是一个开放的复杂巨系统，同时在人类的经济、文化、生态、政治等领域都扮演了极其重要的角色。为了尽可能全面地了解食物背后的线索，学生需要用系统性和批判性的眼光审视习以为常的事物，能够捕捉并呈现不同尺度、不同地域事件之间隐含的关联，从多个维度对食物议题展开讨论和分析。

3. 培养学生量化生态影响的能力

以碳足迹为核心的生态足迹是后碳时代气候货币的重要指标，也是衡量食物系统生态影响的重要依据。在课程中，学生需量化描述食物系统全周期生态足迹，用图表呈现出所研究食物在各个环节对生态的影响，并以此为依据指导设计。

4. 训练学生危机定位和响应能力

课程的最终目的是将学生培养为后碳背景下食物设计领域积极的行动者，这要求学生能够从复杂的研究背景中精确定位危机关键，并结合时代语境提出针对性的弹性解决方案。

1.3.2 跨学科的知识结构

由于食物设计尚未形成完备的教学理论体系，相关知识分散在各个学科和实践领域，且迭代速度快，这需要教师有较强的资源整合和知识汇总能力，并在教学中保持开放学习的态度。"食物图景"课程将知识结构梳理为四个由浅入深的主题："食物设计认知：食物与万物""食物设计思辨：生态与危机""食物设计场域：城市与社区""食物设计行动：远见与赋能"。这四个模块并非试图涵盖与食物设计有关的所有内容，而是作为锚点，为学生打开认知的版图。在课程进行过程中，每个学生作为行动主体，会随着研究和设计项目的发展不断为课程带来新的知识与视角，共同组成更加完整的知识图谱。

1. 食物设计认知：食物与万物

作为课程学习的开篇，本模块重在建立学生对于食物的个体连接和全局认知。共有两个主题：第一个主题"食物与身体"从生活经验出发，启发学生思考食物的本质，引出人类食物的进化史，帮助学生建立时间维度的坐标系，更加辩证地理解今天的食物体系；第二个主题"食物，文化与身份"则从空间维度探讨不同地域下食物与文化和政治经济的相互作用，例如以麦当劳为研究案例观察食物在全球化的进程中扮演的重要角色。

2. 食物设计思辨：生态与危机

本模块重点关注生态视角下食物系统面临的危机与挑战。第一个主题"食物系统与生态"从宏观概念"行星边界"出发，帮助学生建立星球尺度的生态概念，并以统计数据反映食物系统对气候变化产生的重要影响，介绍生态足迹等指标。第二个主题"可持续食物系统变革"则从当前的可持续变革案例入手，带领学生分析如何在宏大的生态议题中通过多种手段聚焦于实际问题，带来切实的改变。

3. 食物设计场域：城市与社区

本模块从社区和城市的角度入手，介绍城市发展史中与食物有关的理论和典型案例，了解现代城市为可持续的食物系统做出的探索。在社区尺度上，带领学生以学校周边社区为研究对象，调研并制作社区食物地图，通过这种方式将原本抽象的知识具象化，与现实世界建立连接。

4. 食物设计行动：远见与赋能

本模块通过回顾全球范围内食物设计经典展览，呈现出不同时代的多维度图景，为今天我们思考食物设计行动提供丰富的参考。同时我们也邀请了食物领域著名的设计师和艺术家分享如何用不同的媒介为食物设计赋能，为学生个人项目的策展与表达提供全新的视角。

1.3.3 多样化的课堂形式

"食物图景"课程主要以课堂讲座、设计工作坊和参与性学习的形式进行，每周三次，共八周。课程设计以学生为主体，力求与现实世界产生更加真实的互动，构建知识创新共同体。

1. 课堂讲座（每周 4~6 个课时）

课堂讲座由授课老师或邀请嘉宾以讲座的形式分享知识。这类课堂主要适用于主题性的知识传授、案例分享和经验交流。结合学生项目的研究方向，课程共邀请十余位不同领域的嘉宾进行分享交流，其中包括荷兰埃因霍芬设计学院食物设计师、世界自然基金会项目专员、艺术家组合、新蛋白产业前沿咨询师等。

2. 设计工作坊（每周 4 个课时）

设计工作坊是设计学院常见的课堂形式。教师提前为学生布置好每周的项目进度要求，在课堂上由学生展示阶段成果，教师和其他学生进行点评。项目式的学习往往是设计学院课程的核心，每周一次的工作坊有助于学生对自己的课题有系统性的研究，在反馈之中不断优化，同时这也是学生之间相互交流项目、共同学习的重要机会。

3. 参与性学习（每周 2~4 个课时）

对于食物设计这样的主题，学生不仅可以向教师和嘉宾学习，还需要向自身的生活经验学习、向同学学习，更重要的是，从这个真实的世界中学习。因此，在常规的课堂讲座、设计工作坊的基础上，我们设置了较多的参与式学习体验。这类课堂的关键在于调动学生的积极性，将知识以灵活的形式运用和交流，加深学生的理解和转化。学生在课程反馈中表示对这些参与性强的课堂体验印象尤为深刻。以下为"食物图景"课程中运用到的一些形式。

(1) 阅读研讨

在课前学生需对指定内容进行阅读，之后在课堂上互相交流阅读的心得。不同于讲座的中心化特征，阅读研讨给了每个学生平等的交流机会，同时有助于不同观点的交锋，学生在自发的交流中逐渐形成多元化的认知视角。

(2) 思维图谱

构建思维图谱可以帮助学生对多维度的知识进行梳理。在"食物图景"课程中期，学生分组讨论梳理了与食物设计相关的学科视角，并在团队合作中形成更加清晰的知识框架。可以明显感觉到，学生在这一过程中投入了很大的热情，也加深了对课堂知识的理解。

该类设计课程学生容量不宜过大，以保证每位学生都有足够的参与度和项目讨论时间。

教室空间布局可以根据不同的课堂形式进行灵活调整，例如在研讨课中可以采用环形桌椅布局，营造对话和讨论的氛围，在思维图谱共建活动中则将桌子集中在教室中间，学生可以自由走动，参与讨论。

上："食物图景"课堂讲座照片；中：学生在设计工作坊汇报项目进展；下：学生共同构建思维图谱，刘诗宇拍摄

知识框架构建 MAPPING

"食物图景"思维图谱，
学生绘制

(3) 实地调研

在第三模块，学生分组实地调研社区的不同食物源情况，采访超市售货员、菜市场摊贩、餐厅经理等相关人员，再将调研记录带回课堂交流，根据调研结果绘制社区食物地图。在这个过程中，学生以全新的视角观察习以为常的生活环境，并将课堂内容映射到真实世界中。

(4) 沉浸体验

在第四模块，学生在课堂上动手制作食物并设计食物体验方式让其他同学品尝，切身理解设计对食物体验的影响。还有学生将自己设计的食物系统桌游样品带到课堂，在与同学的试玩中发现设计的不足之处加以优化。

1.3.4 学生项目指导

作为大三年级的研究性设计课程，每个学生的课程项目是衡量学生学习成果的重要依据。对学生项目的任务设计需要满足以下几点：学生项目与课程内容高度吻合，是课程学习的应用与延伸；项目各阶段循序渐进，最终形成完整的项目提案；教师可以为学生的项目提供必要的技术方法支持和设计辅导；学生在项目中有一定自由度，可以结合自身背景与兴趣发展。

在"食物图景"八周的课程时间内，每位学生需从一项食物议题出发，批判性地思考和展现当今的食物图景，并以此为支点撬动对于未来图景的创想。具体内容包括批判性发问、跨学科研究、危机响应和创新性提案四个部分。

1. 批判性发问

在课程开始时，每一位学生需提出 3~5 个关于食物的问题。这一环节旨在启发学生对食物议题的主动思考，这些问题也同时代表着每个学生对于未来食物图景的期望，我们将带着这些问题和希望，开始八周的探索。

2. 跨学科研究

每位学生选择一种自己感兴趣的食物或食物议题作为研究的出发点，研究该食物（或主要原材料）的历史演变、文化塑造和技术发展过程，同时研究与其相关的生态影响，用可视化的方式展现。

3. 危机响应

在跨学科研究的基础上，定义与该食物相关的一到两个关键危机，例如全球饥饿问题、物种多样性不足问题等；并研究、学习该危机已有的响应模型和参考案例，为提出自己的创新性提案做准备。

4. 创新性提案

综合以上研究，学生将针对定义的危机提出自己的创新性提案，该提案需考虑不同尺度的系统，定位目标人群、所用技术、场所和媒介等。在课程结束前，学生应完成该提案的关键步骤，并以实际成果的方式汇报。右图为"食物图景"课程学生项目指南，用于在设计过程中帮助学生从不同角度和尺度思考自己的项目，明晰项目目的、过程方法和最终成果，该指南也可灵活用于其他跨学科设计类项目。

课程最终形成了丰富的教学成果，学生项目从气候变化、全球饥饿、鲑鱼产业链和跨文化交流等角度出发，向全球当代食物图景发问，并以跨学科的研究和探索提出创新性提案。课程成果受邀在卷宗书店以"食物图景：餐桌上的星球计划"为主题展出。

"食物图景"学生项目集：每位学生在课程中以不同的角度切入食物系统，项目关注点覆盖人类健康、气候变化、文化与身份、食物浪费等。

上左：“食物图景：餐桌上的星球计划”展览海报；上右：展览现场照片，吴雯萱拍摄

“食物图景：餐桌上的星球计划”主题展于2022年9月16日-11月6日在卷宗书店位于秦皇岛阿那亚艺术中心一层的“卷宗盒子”空间中对读者开放。本次展览以食物图景为主题，旨在以跨学科的视角呈现食物与生态、文化和经济等领域的多重关联，启发对当今全球食物体系的创新思考。

右：课程项目指南，刘诗宇绘制

本课程项目指南通过明确项目目的、定义研究方法和策划最终表达，帮助学生从不同尺度对自己选择的研究问题进行思考和优化。教师可以根据自身课程需求对这一指南进行调整。

气候货币计划·食物图景 项目指南						
项目名称： 作者：		XS 细胞/分子级别	S 个体级别	M 社区/社群级别	L 国家/地区级别	XL 星球级别
项目目的 INTENTION	主题 TOPICS					
	紧急性（背景） EMERGENCY					
	问题 QUESTIONS					
	100字宣言 STATEMENT					
项目过程 PROCESS	区位 RANGE					
	时间 TIME					
	技术 TECH					
	目标人群 TARGET GROUP					
	参与/合作 ENGAGEMENT					
	步骤 STEP					
预期目标 EXPECTATION	短期 SHORT-TERM					
	长期 LONG-TERM					
关键图像 KEY IMAGE	——					
策展表达 CURATORIAL EXPRESSIONS	场所 PLACE					
	时段 OCCASION					
	媒介 MEDIA					
	公众 PUBLIC					

第二章
可持续食物设计认知
食物与万物

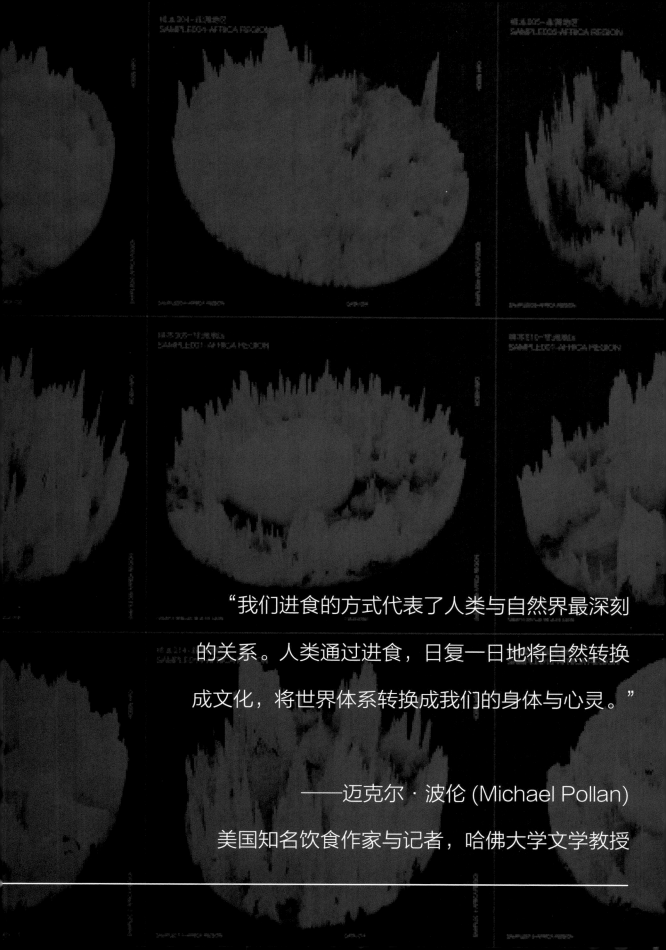

"我们进食的方式代表了人类与自然界最深刻的关系。人类通过进食，日复一日地将自然转换成文化，将世界体系转换成我们的身体与心灵。"

——迈克尔·波伦 (Michael Pollan)
美国知名饮食作家与记者，哈佛大学文学教授

第一节
食物、身体与文化

耶鲁大学教授凯利·D. 布劳内尔（Kelly D. Brownell）在他的课程"有关食物的心理学、生物学和政治学"中曾提出一个有趣的问题："一只蟑螂和一包膨化薯片，哪个更符合食物的定义？"要回答这个问题，我们需要展开一系列关于食物最基础的讨论。其实，并没有一种生物或物质本身就被定义为食物，食物是在物种与物种的关系中被定义。就人类而言，不同时代我们对于食物的定义也是处于动态变化中的，它不仅受到生理本能的影响，而且被文化习惯、技术、媒体等力量不断塑造。这一节我们将从食物与身体和文化的关系出发，以发展变化的眼光看待人类与食物的关系，批判、多角度地思考当今食物图景。

2.1.1 食物如何影响我们的身体？

现代营养学从 20 世纪初发现碳水化合物开始，逐渐成为一门专业的学科。根据营养学的定义，食物为生物提供营养和能量，满足机体正常生理和生化活动。食物中的营养成分可分为宏量营养素（包括碳水化合物、脂肪和蛋白质）和微量营养素（包括维生素和矿物质）。联合国环境署发布的一项报告指出：非传染性疾病是全球疾病负担的重要推动因素，影响到全球三分之一的人群，而且所有这些疾病都与食物系统存在重要关联。[1] "消除饥饿，实现粮食安全，改善营养状况和促进可持续农业"与"确保健康的生活方式，促进各年龄段人群的福祉"被纳入联合国可持续发展目标。

最近的研究表明，我们所吃的食物不仅会影响我们的生理健康，也会对我们的心理和情绪产生影响。微生物学家和神经学家发现肠道细菌对情绪健康有着重要的影响，并提出了"肠脑轴"的概念。肠道菌群可以通过刺激神经发出信号与大脑沟通，所以说肠道是人的"第二大脑"。我们的食物、内脏、大脑、神经系统和行为比以前所认为的联系更加紧密。另外，我们的食物也对大脑的发育和功能产生着影响，例如食用富含 Omega-3 脂肪酸的食物，比如食物种子、脂质含量较高的鱼类对大脑来说是有益的。但长期食用其他脂质，比如反式脂肪和饱和脂肪，却可能会危害脑部健康。

不仅食物对我们的大脑与情绪产生着影响，我们的情绪与压力也会影响我们的食欲以及对食物的偏好。当大脑感受到压力时，它会激活你的自主神经系统，向肠神经系统传递压力的信号，打乱肠胃收缩节奏导致肠易激综合征；同时使人更容易产生胃酸增加、胃灼热等不适反应。通过肠神经系统，压力还会改变肠道细菌的成分和功能，

学习目的
a) 了解食物与身体的关系。
b) 理解食物与文化的相互作用。

学习重点
a) 人类食物的演变历史。
b) 全球化背景下的食物议题。

教学方法
本节有较多阅读材料，教师可以采取研讨课的教学形式，让学生提前阅读材料，在课堂上共同围绕思考问题展开讨论，激发学生对这些问题的主动性思考。

[1] Alexander Müller, Pavan Sukhdev. 衡量农业和食品系统中的重要因素：针对农业和食品的 TEEB 的科学与经济基础报告结果和建议综合 [R]. 日内瓦：联合国环境署，2018.

影响整个身体的健康。此外，压力还会使肾上腺皮质醇指数升高，它会向身体释放饥饿信号，进而促使人们去进食过多的高能量食物和碳水化合物，影响身体健康。

2.1.2 食物如何改变人类和全球历史？

人类食物演变的历史作为世界史的一个独特视角，呈现了人类彼此之间以及人类与自然之间的密不可分的互动。英国作家菲利普·费尔南多-阿梅斯托将人类食物史划分为八大革命，从火的发现到畜牧业、农业，再到离我们最近的食品工业化，每一次革命都不仅仅代表了食物的变化，也是一连串深刻而重大的人类文明的变化。[1] 美国饮食作家迈克尔·波伦在《杂食者的两难：食物的自然史》一书中，以田园调查的方式走访农场、研发室、牧场、食品加工厂和超市，从产地一路追踪到餐桌，试图揭开现代食品的全貌。[2]

本节我们将通过阅读《吃：食物如何改变我们人类和全球历史》《人类简史：从动物到上帝》和《杂食者的两难：食物的自然史》这三本书的相关选段，回顾人类食物的历史变化，思考食物与今天人类社会的联系。

选段一：节选自《吃：食物如何改变我们人类和全球历史》第一章：烹饪的发明——第一次革命。

你一旦把柠檬汁挤在牡蛎上，便开始改造牡蛎，使得它的质地、口感和味道产生变化，广义来讲，或可称之为烹调。把食物腌很久，就和加热或烟熏一样，也会将食物转化。把肉吊挂起来使其产生腥气，或者将肉置于一旁使其稍稍腐败，都是加工法，目的在于改良肉的质地，使之易于消化，这显然是早于用火烹调的古老技术。风干是种特殊的吊挂技术，它能使某些食物产生彻底的化学改变。掩埋法也是如此，这种技法以前很常见，能促使食物发酵，如今则少见于西方菜品中，不过 gravlax（北欧式腌渍鲑鱼）这个词倒还留有此古风，它字面上的意思正是"掩埋鲑鱼"。另外，有若干种奶酪以前也采用掩埋这种"类似烹调"的传统技法，制作时需埋进土里腌渍，如今则改用化学上色，使奶酪表面色泽暗沉。有些骑马的游牧民族在漫长的旅途中，把肉块压在马鞍底下，利用马汗把肉焖热、焖烂，以便食用。搅拌牛奶以制作奶油，使液体变成固体，乳白变成金黄，简直像炼金术。发酵法更是神奇，因为它可将乏味的主食化为琼浆玉液，让人喝了以后改变言谈举止，摆脱压制，产生灵感，走进充满想象力的领域。凡此种种转化食物的方法既然都这么令人瞠目称奇，生火煮食这件事为何会显得格外出众呢？

倘若真有解答，那么答案就在于生火煮食对社会所造成的影响。用火烹调堪称有史以来最伟大的革新之一，这并非由于煮食可以让食物产生变化（有很多别的方法都有这个功效），而是因为它改变了社会。生的食物一旦被煮熟，文化就从此时此地开始。人们围在营火旁吃东西，营火遂成为人们交流、聚会的地方。烹调不光只是料理食物的方法而已，在此基础上，社会以聚餐和确定的用餐时间为中心组织了起来。烹调带来了新的特殊功能、有福同享的乐趣以及责任。它比单单只是聚在一起吃东西更有创造力，更能促进社会关系的建立。它甚至可以取代一起进食这个行为，成为促使社会结合的仪式。太平洋岛屿人类学的先驱学者马林诺夫斯基在特罗布里恩群岛（Trobriand Islands）研究时，有一个仪式极大地吸引了他的注意，那就是基里维纳岛（Kiriwina）上一年一度的红薯收获祭，祭典中的大多数仪式都是在分配食物。人们一边击鼓、舞蹈，一边把食物聚拢成堆，然后抬到家家户户，以便各户人家私下进食。大多数文化都把真正开始吃东西当成祭典的高潮，但是基里维纳岛的

这一选段简述了火的发明给人类食物带来的影响，并将烹饪与社会组织结合在一起思考。阅读这一选段，思考以下问题：

1. 火给人类食物带来的改变有哪些？除了火之外，烹调还有什么形式？
2. 生火煮食的社会影响有哪些？
3. 当今时代食物的烹饪方式发生了哪些改变？是否仍具备古时社会性的价值？

[1] 菲利普·费尔南多-阿梅斯托. 吃：食物如何改变我们人类和全球历史 [M]. 韩良忆，译. 北京：中信出版集团，2020.

[2] 迈克尔·波伦. 杂食者的两难：食物的自然史 [M]. 邓子衿，译. 北京：中信出版集团，2017.

祭典却"从未共同达到高潮……祭典的要素存在于准备的过程中"。

……

烹调除了能使可食的东西更易摄取，还会施展更神奇的魔法，那就是把有毒的东西转化为可口的食物。火能毁灭某些食物中的毒素。对人类而言，这种可化毒为食的魔法尤其可贵，因为人类可以储存这些含有毒素的食物，不必害怕别的动物来抢，等到人类自己要食用前再加热消毒即可。这个文化优势使得苦味木薯成为古代亚马孙人的主食，也使一种名叫"纳度"（nardoo）的苹属植物的种子成为澳大利亚原住民的佳肴。亚马孙人当成主食的苦味木薯是制作木薯粉的常见原料，其中含有氰酸，只要一餐的分量就可以把人毒死，但是苦味木薯经捣烂或磨碎、浸泡在水中并加热等烹调程序处理以后，毒素就会被分解。

一旦人亲眼看到加热对食物产生的影响，用火烹调这件事立刻就走上康庄大道。focus（焦点）一词不论就字面来讲或探究其词源，都意指"壁炉"。人一旦学会掌控火，火必然会把人群结合起来，因为生火护火需要群策群力。我们或可推测，早在人类用火煮食以前，火即是社群的焦点，因为火还具有别的功能，使得人群围拢在火旁：火提供了光和温暖，能保护人不受害虫、野兽侵扰。烹调让火又多了一项功能，使得火原本就有的社会凝聚力更加突出。它使进食成为众人在定点定时共同从事的行为。

《吃：食物如何改变我们人类和全球历史》书籍封面

选段二：节选自《人类简史：从动物到上帝》第五章：史上最大骗局。[1]

学者曾宣称农业革命是人类的大跃进，是由人类脑力所推动的进步故事。他们说演化让人越来越聪明，解开了大自然的秘密，于是能够驯化绵羊、种植小麦。等到这件事发生，人类就开开心心地放弃了狩猎采集的艰苦、危险、简陋，安定下来，享受农民愉快而饱足的生活。

这个故事只是幻想。并没有任何证据显示人类越来越聪明。早在农业革命之前，采集者就已经对大自然的秘密了然于胸，毕竟为了活命，他们不得不非常了解自己所猎杀的动物、所采集的食物。农业革命所带来的非但不是轻松生活的新时代，反而让农民过着比采集者更辛苦、更不满足的生活。狩猎采集者的生活其实更为丰富多变，也比较少会碰上饥饿和疾病的威胁。确实，农业革命让人类的食物总量增加，但量的增加并不代表吃得更好、过得更悠闲，反而只是造成人口爆炸，而且产生一群养尊处优、娇生惯养的精英分子。普遍来说，农民的工作要比采集者更辛苦，而且到头来的饮食还要更糟。农业革命可说是史上最大的一桩骗局。

谁该负责？这背后的主谋，既不是国王，不是牧师，也不是商人。真正的主要嫌疑人，就是那极少数的植物物种，其中包括小麦、稻米和马铃薯。人类以为自己驯化了植物，但其实是植物驯化了智人。

如果我们用小麦的观点来看农业革命这件事，在1万年前，小麦也不过就是许多野草当中的一种，只出现在中东一个很小的地区。但就在短短1000年内，小麦突然就传遍了世界各地。生存和繁衍正是最基本的演化标准，而根据这个标准，小麦可以说是地球史上最成功的植物。以北美大平原为例，1万年前完全没有小麦的身影，但现在却有大片麦田波浪起伏，几百公里内完全没有其他植物。小麦在全球总共占据大约225万平方千米的地表面积，快有英国的10倍大小。究竟，这种野草是怎么从无足轻重变成无所不在？

小麦的秘诀就在于操纵智人、为其所用。智人这种猿类，原本靠着狩猎和采集过着颇为舒适的生活，直到大约1万年前，才开始投入越来越多的精力来培育小麦。

这一选段从新颖的角度看待人类农业革命的影响。阅读这一选段，思考以下问题：
1. 为什么说农业是史上最大骗局？你同意这一说法吗？
2. 为什么说是小麦驯服了人类？农业给人类社会带来了什么变化？
3. 仿照作者思路，如果从另一种作物的角度看待历史，你将得到怎样的进化故事？

[1] 尤瓦尔·赫拉利. 人类简史：从动物到上帝 [M]. 林俊宏，译. 北京：中信出版集团，2014.

而在接下来的几千年间，全球许多地方的人类都开始种起小麦，从早到晚只忙这件事就已经焦头烂额。种小麦可不容易，照顾起来处处麻烦。第一，小麦不喜欢大小石头，所以智人得把田头里的石头捡干净搬出去，搞得腰酸背痛。第二，小麦不喜欢与其他植物分享空间、水和养分，所以我们看到男男女女在烈日下整天除草。第三，小麦会得病，所以智人得帮忙驱虫防病。第四，不论是蝗虫还是兔子，都不排斥饱尝一顿小麦大餐，但小麦完全无力抵抗，所以农民又不得不守卫保护。最后，小麦会渴，所以人类得从涌泉或溪流大老远把水引来。为它止渴；小麦也会饿，所以智人甚至得收集动物粪便，用来滋养小麦生长的土地。

选段三：节选自《吃：食物如何改变我们人类和全球历史》第七章：挑战演化——食物和生态交流的故事。

就食物层面来说，生态交流对营养方面造成的影响最为显著。在世上不同的地方，可供利用的食物相对而言激增，这意味着世界食品生产的总体营养价值可以有大幅的跃进。由于合适的作物或牲畜可以转运到新的环境，以前完全未开发或低程度开发的广大土地能开辟出农田或牧场。农业疆域可以攀上高山、拓殖沙漠。过去过度依赖某些主食的人口，如今有多样的饮食可供选择。凡是生态交流影响所及之处，就有更多的人可以被喂饱。这并不代表生物群的交流"导致"人口增加；但它的确有助于使更多人有东西可吃。其间也有"逆流"发生，交流的生物群不只有食物而已，还包括能带来破坏的人群，以及能致病的微生物。无论如何，起初在大多数地方（到头来几乎是每个地方），食物的倍增激发了现代历史上人口大增长的现象。

这也造成明显的政治影响。控制传输路线的人可以通过操纵这些影响，把食物生产和集中的劳力转移到他们想要的地方。近代的海上冒险事业起初来自欧洲大西洋沿岸一些贫穷、边缘且经济开发程度低的社群，他们孤注一掷，希望改善自己的处境。借此他们有机会率先享受远程生态交流的好处，从而开启欧洲人的视野，有助于西班牙人、葡萄牙人、英国人和荷兰人变成世界级的帝国主义者。这些国家进而能造成一些转变，比如把制糖业移转到在美洲的殖民地，或在自己的掌控下创制新的香料。欧洲人因而得以从各种奇妙的环境收集动植物，这种权力激励了欧洲初期的"科学革命"。每一间堂皇的"奇珍馆"都成为可供人仔细观察、试验各式物种的宝库。这可是破天荒头一遭，可以把全球的知识汇于一堂。有权力认识"动植物的出现和分布状况，这是第一步，接下来人才有能力决定要对环境形成什么影响"。读者在后文将见到，新世界作物的引进也令中国获益匪浅，但是世界性的生态交流极大促成了世界知识和权力的长期性转变：逐渐向西方倾斜。

政治和人口革命显然是生态交流最重要的结果，但最生动的例证体现在人们实际吃下的滋味和色彩。意大利菜因番茄而显得色彩浓烈，很难想象意大利菜在番茄到来之前是什么模样。有道菜名为"三色"，是由切片的番茄、马苏里拉奶酪和鳄梨分别代表意大利国旗的红白绿颜色。马苏里拉奶酪的原料为原生品种水牛乳，但鳄梨和番茄都是意大利从美洲移植来的果实。鳄梨的英文 avocado 事实上衍生自中美洲纳瓦特尔语的 ahuacatl 一词，意为睾丸。意大利菜单中同样必不可少的意式面团 (gnocchi) 和玉米粥波伦塔 (polenta)，原料分别是马铃薯和玉米。其他欧洲、非洲、亚洲国家"国菜"中的许多必需材料，在哥伦布交流前，他们的祖先根本不知道。我们难以猜测爱尔兰和北欧平原的饮食史或菜单，要是少了马铃薯会是什么样子。我们可以想象没有辣椒的印度菜、泰国菜和四川菜会是什么滋味吗？在哥伦布以前，除了美洲没有人知道这种火辣刺激的佐料。

这一选段叙述了大航海之后全球食物的生态交流与文化传播。阅读这一选段，思考以下问题：
1. 大航海对于人类食物结构的改变是什么？
2. 为什么说食物交流受到政治的影响？
3. 蔗糖、辣椒、咖啡等食物的传播如何影响我们今天的饮食习惯？

选段四：节选自《杂食者的两难：食物的自然史》引言。

在某种程度上，"正餐要吃什么"这个问题，一直困扰着杂食动物。毕竟自然界的东西你几乎都可以吃，因此决定要吃什么，当然会引起焦虑，特别是有些食物很可能会致病甚至致命。这是"杂食者的两难"，卢梭与法国作家布理勒特－萨瓦林（Brillat-Savarin）老早就指出这一点，而宾夕法尼亚大学心理学家保罗·罗津（Paul Rozin）则在三十多年前提出这一名词。我借用这个词作为本书标题，因为杂食者的两难可鲜明描绘出我们目前在食物方面的困境。

……

我的基本假设是，人类和地球上其他生物一样，都是食物链中的一环，人类在食物链（或食物网）中的地位，或多或少决定了人类是什么样的生物。人类杂食的特性，塑造出我们的灵魂与身体的本质（人类的牙齿和下颚能够处理各种食物，既能撕裂肉类，也可磨碎种子，这就是杂食造成的身体特性）。我们与生俱来的观察力与记忆力，以及对于大自然的好奇心与实验精神，也大多拜杂食这种特性所赐。许多适应环境的能力，包括狩猎与烹煮食物，也是为了破除其他生物的防御措施而演化出来，好让我们能食用这些物种。有些哲学家甚至认为，正是人类不知满足的胃口造就了人类的野蛮与文明，因为想把所有东西（包括其他人类）都拿来吃的生物，会特别需要伦理、规则和仪式。我们吃下去的东西以及吃东西的方式，都会决定我们成为怎样的人。

……

本书将说明目前维系人类生存的三条主要食物链：产业化食物链、有机食物链以及采猎食物链。三条食物链各有千秋，但系统作用差别不大：经由我们所吃的食物，将人类与土地的生产力以及太阳的能量联结起来。这种联结可能并不显著，但即便是一块奶油夹心饼（Twinkie）都可以发挥这种功用，与自然界建立联系。本书所说明的也就是生态学所指出的道理：万物皆相连，即便一块奶油夹心饼也不例外。

生态学也告诉我们，地球上所有生物都可视作为太阳能而战的竞争物种。绿色植物会吸收太阳能，然后储存在复杂的含碳分子中，而所谓的食物链，就是让这些能量传递到缺乏这种吸收能力的物种身上。本书的主题之一，在于说明"二战"后的产业化食物链，如何一举改变基本游戏规则。以往食物链都是从太阳取得能量，但是产业化农业的能量则大多来源于化石燃料（虽然化石燃料的能量最初也是来自太阳，不过这些燃料与太阳的不同之处在于其存量有限、不可替代）。这样的新进展使得食物所含的总能量大幅增加，对人类算是好事（使人口数量不断增加），但也有缺点。我们发现，丰富的食物并不意味着杂食者的两难问题就此解决，反而加深了这种困境，并且带给我们各种新的问题和担忧。

……

另一个主题（其实是假设）是，我们进食的方式代表了人类与自然界最深刻的关系。人类通过进食，日复一日地将自然转换成文化，将世界体系转换成我们的身体与心灵。人类的所有作为中，改变自然界最多的是农耕活动，不但重塑了地貌，也改变了生物相。动物、植物和真菌界中的数十种物种，已因人类的进食活动与我们建立起密切关系，并一同演化，直至与彼此命运相系的地步。其中许多物种都经过特意的演化，以取悦人类的感官。这样精巧的驯化让这些物种和人类一起成功繁衍，远超乎单独进化所能达到的地步。不过，人类与其他可食用野生物种（从采集自森林的蘑菇到让面包蓬松的酵母菌）之间的关系也未曾失色，而且还更为神秘。饮食让我们与其他动物形成了共同体，但也让人类与其他动物有所区别。饮食造就了人类。

工业化饮食最棘手与悲哀之处，在于其彻底掩埋了人类与各物种的关系与联系。在人类把"原鸡"（Gallus gallus）变成麦乐鸡块的过程中，世界亦进入了一趟遗忘

阅读这一选段，思考以下问题：
1. 什么是"杂食者的两难"？
2. 你如何理解作者所说的："我们进食的方式代表了人类与自然界最深刻的关系"这句话？
3. 如何看待工业化饮食与人类其他食物链的相同与不同之处？

《杂食者的两难》书籍封面

的旅程：在这趟旅程中，我们付出了昂贵的代价，不仅包括动物的痛苦，还有人类的欢愉。但是这种"遗忘"正是产业化食物链的目的（或许一开始我们并不知道）。主要原因非常晦涩难解，但如果我们能够看到产业化农业高墙背后的真相，我们就会改变自己的饮食方式。

2.1.3 全球化视角下的食物

《金拱向东：麦当劳在东亚》书籍封面

思考：
你还能想到哪些与特定用餐仪式和文化相关联的食物？
在今天，全球化如何影响人们的饮食选择和文化？

在人类社会中，食物在维系社会关系、塑造身份和文化中起到了极其重要的作用。美国人类学家西敏司所著的《甜与权力：糖在近代历史上的地位》被认为是社会人类学和食物研究领域内最杰出的经典之一。该书中西敏司叙述了在工业化早期糖如何从一件奢侈品化身为工业化生产的商品，以及与之相关的政治、经济和权力问题。美国当代艺术家卡拉·沃克（Kara Walker）的作品"细微之处，或奇妙的甜心宝贝"（A Subtlety, or the Marvelous Sugar Baby）以糖制作的巨型雕塑回应了所处的多米诺糖厂工业遗址背后辛酸的劳动、压迫、种族等议题。

在全球化视角下，食物作为一种政治与文化符号的含义被放大。以麦当劳为代表的快餐文化可以看作全球化浪潮的缩影。由于麦当劳几乎在世界各国无处不在，英国《经济学人》（The Economist）杂志甚至在 1986 年基于购买力平价理论创造了一个新的经济指标："巨无霸指数"(Big Mac Index)，以美国与世界各地销售的巨无霸的价格作对比，从而度量一个国家的货币是被高估还是低估了。也正是因为它强大的符号性和在生活中随处可见，麦当劳常常成为反全球化运动的众矢之的。

在 20 世纪 90 年代，美国哈佛大学人类学教授詹姆斯·华生（James L.Watson）组织了五位人类学家对东亚五大城市：台北、香港、北京、东京、首尔的麦当劳展开研究，以《金拱向东：麦当劳在东亚》一书呈现了以麦当劳为代表的跨国食品公司与快餐文化，如何在全球化与反全球化的浪潮中与当地文化相互作用。对于当时第一次接触美式快餐的东亚食客来说，麦当劳吸引人的地方不只是它的食物，更在于它提供的体验，可以满足对美式饮食和文化的好奇心。而且麦当劳不仅改变了人们的食物，也在改变人们的进餐仪式及其背后的文化。例如，在韩国文化中，人们分享在一个锅里的米饭也是彼此社会关系的一种具象化体现，而在麦当劳，这种用餐的文化被打破，人们仅选择自己手中的食物而很少彼此分享。但研究也同时发现，麦当劳并不仅仅是作为一个通用的标志散布到了世界各地，而是以一种多元本土化（Multilocal）的策略，在每一个地方都形成了一种新的麦当劳。例如，麦当劳需要和当地的食品供应商合作，雇佣超过半数的本地员工，并结合当地饮食习惯对产品进行微调。

第二节
食物的多元认知

学习目的
a) 对食物这一议题建立多角度、系统的认知。
b) 了解食物系统的特点和研究方法。

学习重点
a) 食物系统基本研究方法。
b) 以食物为议题的艺术案例。

教学方法
本节以三个问题引导学生展开对食物的多元认知，可以在给出答案前多留一些课堂自由讨论的时间。在本节课后可以让学生以"在这节课前我认为食物是……而这节课后我发现食物是……"的句式做学习总结。

[1] 西敏司. 甜与权力：糖在近代历史上的地位 [M]. 王超，朱建刚，译. 北京：商务印书馆，2010.

[2] Alexander Müller, Pavan Sukhdev. 衡量农业和食品系统中的重要因素：针对农业和食品的 TEEB 的科学与经济基础报告结果和建议综合 [R]. 日内瓦：联合国环境署，2018.

[3] 联合国. 可持续发展目标 [EB/OL].(2015-09-25)[2022-05-18].https://www.un.org/sustainabledevelopment/zh/sustainable-development-goals/.

2.2.1 为什么我们要研究食物图景？

1. 生命养分

食物是每个动物都必须摄入的维持生命过程的养分，营养不足或者不均衡都会带来各种各样的健康问题。在自然界中，捕食构成了生态系统重要的关系网络，成熟的食物链和食物网对于维持生态系统的平衡至关重要。相较于其他动物而言，人类仅用极短的时间就站在了食物链的上游，自然界还没有进化出成熟的调控系统对我们的行为加以控制，因此我们有责任和义务重新思考和规范自身的行为，创造既利于人类健康又对地球友好的饮食模式。

2. 社会纽带

就像中国人见面常用的打招呼语"你吃了吗？"，饮食构成了社会中人与人连接的基础。据人类学家研究，人类最早的社群生活很大程度来源于对于食物的需求，在这个过程中，人们一起捕食并分享食物，构成了原始社会的基础。[1] 直到今天，饭局依旧是人们沟通情感的重要场所。不同的文化也因食物发展出独特的特点，食物成为人们身份认同的重要媒介。对食物的研究即是对其人群和文化的研究，小到一个个体和家庭，大到社区与民族，食物都可以成为解开其背后文化与社会密码的重要依据。

3. 危急关头

根据发表在《自然》杂志的一项研究，粮食系统大约占全球人为温室气体排放量的三分之一。联合国秘书长安东尼奥·古特雷斯在演讲中指出："粮食系统是我们无法在地球生态边界内生存的主要原因之一。"我们的食物不仅与生态危机紧密相关，也为今天人类的健康危机承担着主要的责任。联合国环境署发布的《衡量农业和食品系统中的重要因素》指出："我们的饮食如今已成为主要的疾病负担，超过 8.15 亿人食不果腹，超过 6.5 亿人遭受肥胖之苦，而且有超过 20 亿人受到营养失调的影响。"[2]

构建可持续的食物系统是联合国可持续发展目标 (SDGs) [3] 的核心。在十七项可持续发展目标中，共有六项目标与食物系统紧密相关，分别是：零饥饿、良好的健康与福祉、负责任的消费与生产、气候行动、水下生物和陆地生物。联合国可持续发展目标呼吁对农业和食物系统进行重大变革，以便到 2030 年消除饥饿、实现粮食安全并改善营养状况。我国也高度重视粮食安全与可持续发展，于 2021 年 4 月召开国家粮食安全与可持续发展对话研讨会。会议共设 5 项议题，分别是中国粮食系统转型与政策支持、粮食生产与可持续发展、粮食减损与冲击应对、城乡居民的粮食安全与公平生计，以及可持续的食物消费。

因此，在生态系统和地球资源方面，食物系统关系着碳与水的循环、土壤安全、动植物健康与物种多样性的方方面面；在人类健康领域，不均衡的食物生产和分配导致了部分人群的营养不良甚至饥荒，与此同时不健康的食物摄入导致了营养过剩和相关疾病的产生；在社会经济领域，与食物系统相关的供应链条、劳动产业、文化传播以及社会公平都是今天人类面临的重要议题。食物系统不仅反映着这些系统之间复杂的关联，也影响着今后人类发展的方向，对食物系统的研究和设计帮助我们建立对当今世界的认知，也成为我们推动建立可持续发展的星球的重要途径。

部分原文发表于《艺术与设计》2023 年 2 月刊。

2.2.2 什么是食物图景？

1. 系统性的

当我们谈论食物时，往往想到的是餐桌上热气腾腾的菜肴或者是超市货架上琳琅满目的包装食品，然而这只是食物图景的冰山一角。如果我们要了解食物的全貌，就需要一个更加系统的视角。食物系统（或粮食系统）这一术语于 1985 年被提出，表示农业与下游经济主体之间各种关系的总和。[1] 今天我们采用的对于食物系统的定义，包括与食品、食品相关物品有关的所有过程和基础设施：种植、收获、加工、包装、运输、营销、消费、分配和处置。因此，我们无法脱离整个系统来谈论食物，我们的每一次选择、购买，都会对整个系统造成影响。

[1] MARION B W. The Organization and Performance of the U.S. Food System [J]. Proceedings of the National Academy of Sciences of the United States of America, 1985, 79(2): 59-65.

右：食物系统的重要意义
食物系统是生态系统、人类健康和社会经济三个系统的交叉点，是向可持续发展转型的关键节点。

练习：
参考右侧图示，思考食物还与哪些系统息息相关，绘制你眼中的食物系统图解。

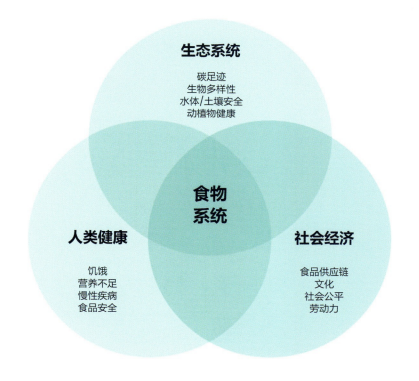

2. 动态的

从远古时期到今天，人类的食物图景发生了翻天覆地的变化。英国作家菲利普·费尔南多-阿梅斯托在《吃：食物如何改变我们人类和全球历史》中认为人类的饮食经历了八次革命性的改变。在整个发展过程中，人类与其他物种始终发生着密切的交流，正如尤瓦尔·赫拉利在《人类简史：从动物到上帝》中所说，分不清楚在农业革命中，到底是人类驯化了小麦还是小麦驯化了人类。或许也正因为我们人类的食谱一直是动态变化的，我们有机会重新思考今天习以为常的食物系统，它是否可以朝着对于我们自身、我们的星球更加有益的方向去改变？我们也看到，技术在整个食物史中发挥着巨大的作用，那么今天新的食品科技又会给我们的饮食带来怎样的改变？

3. 多尺度的

尽管我们平日接触的食物不过是一碗饭、一杯茶的尺度，然而要想更加全面地理解食物图景，我们需要建立跨越尺度的认知。对于食物图景的描绘横跨了精微的纳米尺度到浩瀚的星球尺度。在宏观尺度上，地球超过三分之一的陆地为农业用地，广阔的田野构成了我们对于田园生活的想象。在微观领域，微生物始终为人类食物贡献着不容小觑的力量，例如我们习以为常的面包与啤酒都离不开酵母菌的发酵。此外，2021年9月，我国科学家发表在《科学》杂志上的研究首次实现了人类在实验室人工合成淀粉，这一纳米级别的突破又将如何改变我们与食物的关系？

下面这张图解更加具体地描述了食物系统的各个组成部分。

思考：自己日常生活中与食物相关的各项活动可以放在此图中的哪个位置？

在课堂上可以小组为单位集思广益，将熟悉的日常活动填进图里相应的位置。

下：食物系统图解，资料来源：Nourish Food System Map，刘诗宇翻译重绘

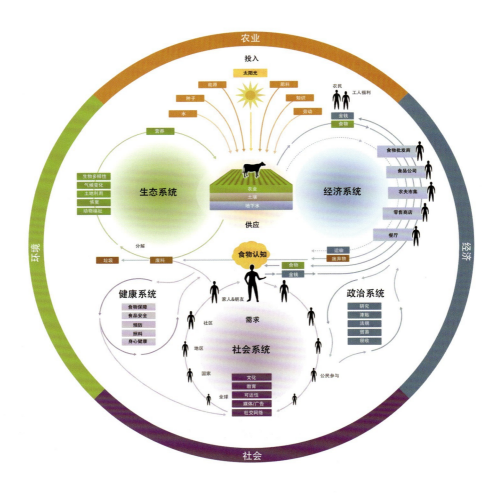

"食物图景：餐桌上的星球
计划"展览照片，吴雯萱拍
摄

*展览由一场精心布置的"晚
宴"开篇，盘中所盛放的
十二道"菜肴"经过精心挑
选，由花粉、土壤、种子和
化肥等十二种颗粒构成，代
表了人类食物系统与星球的
紧密联系。试管内的每一种
液体也是星球食物图景的一
个缩影，从生命之源到"寂
静的春天"，再到无所不在
的棕榈油衍生物。这一场"晚
宴"希望帮助观众打开对于
餐桌上日常食物的想象，将
思考延伸到全球范围的经济、
生态和文化，与展出作品发
生更加深入的对话。*

4. 全球的，也是地域的

在联合国提出的可持续发展战略中，粮食危机已然是一个全球性的议题，需要不同地域、国家联合起来共同为人类和星球的命运做出努力。在经济全球化的背景下，一些大型跨国企业给全球食物系统带来的风险也备受关注。同时，由于不同地区地理、经济、气候、文化等因素的差异，每一个地方的食物图景也是独一无二的。在研究与创新中，我们需要关注每一个特定背景下的具体条件，以及它在全球化背景下的位置。

2.2.3 如何描摹食物图景？

1. 常规研究方法

尽管生活中食物无处不在，但我们仍需要定义一系列研究和描述食物图景的方法，以有效呈现出食物与各个领域的关联。目前用来描述食物领域相关研究的方法主要有以下几类。

（1）生态指标

食物里程（Food Miles）：指消费者饮食消费与食物原产地之间的距离，反映了食物在运输过程中所付出的经济代价、健康代价以及质量代价。

碳足迹（Carbon Footprint）：指企业机构、活动、产品或个人通过交通运输、食品生产和消费，以及各类生产过程引起的温室气体排放的集合。

水足迹（Water Footprint）：在日常生活中公众消费产品及服务过程所耗费的那些看不见的水。

（2）营养指标

营养成分：计算食物中所含蛋白质、脂肪、碳水化合物等营养成分含量，并对一些对人体有特殊作用的物质（例如咖啡因、酒精）做出标识。

（3）空间分析

GIS（地理信息系统）空间分析：GIS 作为有效的工具，被学者们用来对食物系统的生产、消费等环节进行空间分析，例如借助 GIS 工具针对食物可得性问题，为食品零售业进行规划，测量每个街区中人群获取生鲜食物的可达性等。

食物域：为特定人群生产食物的地理区域。该术语用于描述食品流动的区域，从生产地到消费地，包括：生长的土地、运输的路线、经过的市场和终点的餐桌。

食物景观：食物景观是全球食物系统的重要组成部分，指一种独特的食物生产地理，具有生物物理特征和管理属性的特定组合。

（4）利益相关者分析

利益相关者分析是基于利益相关者之间相互影响、相互制约的博弈关系分析，进行整体上协调，制定食物政策。例如，可以采用访谈、调研等田野调查方式，了解食物系统中不同环节、角色的利益关系。

2. 艺术案例

除了常规的研究方法之外，一些艺术家也在自己的项目中通过独特的视角展现了食物图景的观察和反思。以下选取了一些典型艺术案例进行分析，以启发读者思考。

（1）《贫困线》，2010—2020，艺术家组合赵与林

贫困意味着什么？艺术家组合赵与林选择以食物这一视角来展示生活在贫困线的人们所面临的日常选择，将抽象的经济指标转化为每人每天可以在当地市场购买的一定量的食品，并以摄影的方式将其记录下来。这些食物的种类多种多样，包括蔬菜、水果、淀粉类食物、蛋白质和零食等。从 2010 年到 2020 年的 10 年间，艺术家旅行了 20 万公里，创作了横跨六大洲 36 个国家和地区的案例研究。

（2）《麦田－对抗》（Wheatfield－A Confrontation），1970，阿格尼丝·丹尼斯（Agnes Denes）

1982 年 5 月，艺术家阿格尼丝·丹尼斯在纽约曼哈顿岛最南端，正对着自由女神像的一处垃圾填埋场种植了一片两英亩（1 英亩 =4046.856 平方米）的麦田——这就是她创作的著名生态艺术作品《麦田－对抗》。在价值 45 亿美元的土地上，艺术家运来了 200 卡车泥土，清除垃圾和石块，手工播种种子并精心维护。三个月后，艺术家收获了 1000 多磅（1 磅 =0.454 千克）健康的金色小麦，这些种子随展览前往世界各地的 28 个城市，被全球各地的人们带走。关于这项作品背后的意图，艺术家写道："我决定在曼哈顿种植一片麦田，而不是仅仅设计另一个公共雕塑，这是出于长期的担忧，需要引起人们对我们错位的优先事项和不断恶化的人类价值观的关注……它代表了食品、能源、商业、世界贸易、经济。它涉及了管理不善、食物浪费、世界饥饿和生态问题。"

（3）《等值——鱼的生态足迹》，2017，艺术家组合赵与林

艺术家通过研究在中国最受欢迎食用鱼类之一——大黄鱼，考察了鱼类养殖对生态环境的影响。艺术家与科学家、鱼类专家和地方政府官员合作，走遍福建省的 4 个城镇，了解鱼类养殖的生态代价。调查发现，饲养一公斤大黄鱼共需要 7.15 公斤野生小鱼。艺术家将三条总重一公斤的大黄鱼和他们生长所需的 4000 多条小鱼放在一起，拼贴成一个棋盘状的鱼类镶嵌图案，以这种方式让人直观地感受到习以为常的食物背后巨大的生态成本。

《贫困线》作品，美国纽约，2011 年 10 月，展示了以当时贫困线标准 4.91 美元可以在各地买到的食物

更多信息和图片见作品网站：https://www.chowandlin.com/thepovertyline

《麦田－对抗》作品，艺术家在麦田中央

阿格尼丝·丹尼斯的作品影响深远，对环境艺术、土地艺术和概念艺术等领域产生了重大影响。

更多信息和图片见作品网站：http://www.agnesdenesstudio.com/works7.html

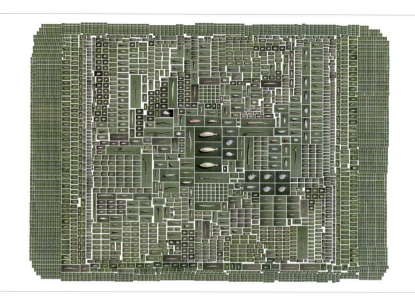

《等值——鱼的生态足迹》
作品，左：由三条大黄鱼和它们所需的饲料小鱼拼贴而成的图像集合；右：作为鱼饲料的幼鱼，绿色渔网用来展示其成年后的平均大小

思考：
艺术家采用何种表达方式反映了食物链条背后的生态足迹？与碳足迹数据相比，这样的艺术语言有何优势与不足？该类研究与表现方法可否迁移到其他食物的研究中？

更多信息和图片见作品网站：
https://www.chowandlin.com/fish

《黑色纸屑》作品展览现场

更多信息和图片见作品网站：
https://www.marijevogelzang.nl/past-projects/black-confetti/

（4）《黑色纸屑》（Black Confetti），玛瑞吉·沃格赞

玛瑞吉·沃格赞的作品"黑色纸屑"呈现了食物与记忆之间紧密而微妙的联系。荷兰鹿特丹在二战结束的时候遭到了非常严重的城市轰炸，轰炸过后出现了一段饥荒时期，被称为"饥饿冬天"。当地的历史博物馆希望用一种可以食用的方式去带大家了解这段历史。艺术家收集了在这一时期人们为饱腹而发明的很多食谱，在博物馆里复刻了这些食物，作为可以食用的展览艺术品。

当人们参观这个博物馆的时候会得到一系列的食物券，就像在战争时期，人们也会得到分配好的食物券去交换食物。每一块食物都尽可能还原了当时的味道，并且做成了一口的大小。这个作品不仅让年轻人了解了那一段历史，而且让许多经历过这段

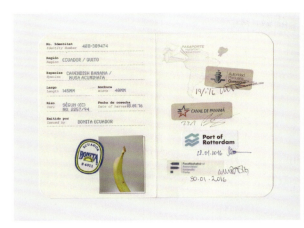
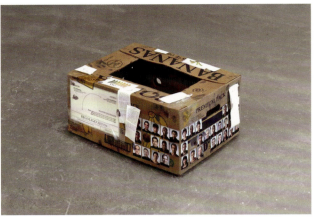

历史的老年人在食物接触味蕾的瞬间打开了他们携带了 60 多年的记忆之锁。通过食物，他们突然记起了当时生活的点点滴滴。

（5）《香蕉故事》（Banana Story），2017，比约恩·斯泰纳尔·布卢门施泰因（Bjorn Steinar Blumenstein）和约翰娜·泽勒曼（Johanna Seelemann）

　　艺术家通过追踪一把香蕉在全球范围内的流通，邀请我们反思全球化贸易中超长食物供应链的代价，突出了对非季节性日常商品的需求所带来的问题。艺术家为香蕉制作了"护照"，记录了香蕉从厄瓜多尔到冰岛的旅程：这一把香蕉在 30 天内在货船上行驶 12534 公里，经过 33 只不同的手终于来到了冰岛的超市。然而，最终有三分之一的香蕉被丢进了垃圾桶。

《香蕉故事》作品，左：为香蕉制作的护照记录；右：香蕉运输箱

学习这一作品，思考以下问题：艺术家如何通过香蕉反映全球的食物供应链体系？艺术家为何选择了护照这样一种媒介？如果由你来进行针对某种食物的溯源与追踪，你会怎么做？
更多信息和图片见作品网站：
https://johannaseelemann.com/Banana-Story

《文化样本》作品，左：《文化样本》表演现场；右：《文化样本》食谱，周小楫绘制

学习这一作品，思考以下问题：
你是否了解自己今天所食用食物的原料和文化来源？如果将你熟悉的菜肴也用时空图谱的方式画出来，会与世界上哪些地区产生关联？

（6）《文化样本》，2021，周小楫

食物不仅仅是文化的结果，也在塑造文化。这一作品在跨文化语境下，批判和重新定义了饮食文化中的真实性。艺术家选取了中餐内三个最具代表性的食物：西红柿炒鸡蛋、蒸米饭和奶茶。通过分解食材和食谱的历史，绘制出了三种食物的时空图谱，这些图谱反映了饮食文化其实是在全球贸易和文化交流下不断被塑造的。作为作品的一部分，客人被邀请参与一场沉浸式的就餐表演，在多重感官的刺激之中交流自己与食物的故事。

第三节
可持续食物设计认知研究议题

在笔者的"食物图景"教学中，学生在完成本章学习内容后开始自己的食物研究议题。每位学生选择一种自己感兴趣的食物或食物议题作为研究的出发点，以文字和图像的形式表达自己与该食物的联系，并以此为出发点对其背后的文化、生态等议题展开研究。学生选取的食物议题涉及范围广泛，包括了营养与饥饿问题、物种多样性、棕榈油与生态危机、糖的经济与文化、泡菜与留学生身份等。

本节选取了一些学生项目的前期研究作为案例分析，旨在呈现食物议题研究过程中的方法与可能性，例如我们将会看到如何从炸鸡这一食物的研究延伸到棕榈油全球性的食物产业现象，再扩展到热带雨林的消退；如何从刺身这一食物调研出三文鱼水产养殖中的一系列生态问题；如何定义和反映全球范围的营养问题；泡菜作为韩国留学生的食物身份象征如何串联起社群的文化等。为了直观地反映学生的研究过程，这里节选了学生的项目图像和第一人称的陈述文字，读者可以跟随导读一同展开思考。

2.3.1 从感官到生态：以棕榈油为例（牟英洁）

1. 食物与我的故事

我追求让我有幸福感的食物，就像肯德基这样的快餐店所带给我的炸鸡，是可以快速吃到的美食，每一口下去都是滋滋冒油的、香气扑鼻的，色香味可以快速刺激我的食欲。无论是哪一种畅销炸鸡，其基本要求是面衣或外皮酥脆，鸡肉鲜嫩多汁。口味根据调味风格不同，可以是咸鲜、香辣或者甜酸。

2. 炸鸡背后的议题

想要烹饪好炸鸡，必不可少的就是食用油的品质，于是我的关注点从炸鸡这一食物转向食用油的溯源问题。结合历史和地理环境，我发现棕榈油一直沿用至今，需求量之大是远超预期的，导致了热带地区油棕种植园的扩张以及全球碳排放的加剧。在深入研究中我发现，我们每个人每年平均消耗 8 公斤左右的棕榈油，但大多数时候，我们甚至没有意识到我们正在吃、闻或燃烧的东西来自于油棕上的一串串红色水果。棕榈油及其衍生物可以出现在 200 多件商品的成分列表中。在超市拿起任何包装好的物品，大约有 50% 的商品里面含有棕榈油。

3. 前期研究遇到的问题

在最初的调研过程中，我从快餐食品入手，将研究对象集中于鸡和食用油。在我

导读：炸鸡是被不少当代年轻人热捧的食物之一，如何从熟悉的食物开始挖掘其背后的议题是这一项目前期研究的关键。

快餐热潮，牟英洁

不知如何推进的情况下，老师建议我从大环境入手，研究哪种原材料背后所带来的环境问题更加迫切是首先需要考虑的，于是我最终选择了棕榈油为主要研究对象。

4. 学习体会

基于设计师原本的专业，很难切实关注到一个如此庞大的社会环境问题。但在本课题的不断深入研究中，发现棕榈油及其衍生物参与了我们生活的方方面面。由于棕榈油需求的增加，油棕种植园的扩张，导致热带雨林退化，全球碳排放加剧，一个小小的炸鸡烹调油竟会与全球性的碳排放牵扯到一起。本课程将气候变化与全球性系统变革联系到了一起，跨越多重学科，对未来进行预测并提供灵活的、创新的、多层次的愿景和解决方案。通过设计师的角度进行系统性的创新规划与设计，涉及的领域跨越多重尺度，并从各个领域进行深度调查研究，从而提出独特的方式应对未来的困难与挑战。

上：含有棕榈油的物品分类；
下：项目整体框架示意图，
牟英洁绘制
棕榈油在家用产品中的广泛应用是由于成本低、用途广、产量高、全球需求和政府支持等因素的结合。然而，棕榈油的生产因其对环境的影响，包括森林砍伐和生物多样性的丧失，以及对该行业工人的剥削而受到批评。这些问题正越来越多地被政府、消费者和行业利益相关者所关注，人们对发展更加可持续和负责任的棕榈油生产方式的兴趣也越来越大。

1. 为何选择鲑鱼？

为什么鲑鱼（三文鱼）会成为料理店常见的生食美味？即使它不是传统的日本料理所使用的一种鱼类。另外，鲑鱼在生长与加工的过程中又会经历什么？这种常被作为生鱼片食用的鱼类，它的故事是我所感兴趣的。

2. 鲑鱼背后的议题

本项目聚焦的问题是消费习惯与环境问题之间的关系：我们的饮食习惯从何而来，是自发的还是被引导的？当我们大量需要某些食物，为了获取利益，这一切的背后又会产生什么环境问题？鲑鱼与我们就是这个问题很好的例子。

从鲑鱼本身去看，养殖鲑鱼的生活环境与野生鱼类大相径庭，大量养殖会大大提升患病率，并且逃逸物种对野生鱼类也会造成不良的影响。从作为一种食物的角度看，它是一种透过日本饮食文化营销打开人们视野的美味佳肴，并且慢慢开始风靡全球。很大程度上，是人的口腹之欲使它们的生存陷入了一种困境。

从鲑鱼的生长周期出发，我研究了整个过程中会出现的一些事件，包括养殖密集度的影响、含氧量缺失的影响、人造物对于成长过程的干预等。我通过模拟人类治疗过程来转译鲑鱼养殖的一些问题，比如肥胖、海虱，以及因生存空间拥挤造成的身体溃烂等。之后我聚焦在这个美食的传播过程，了解鲑鱼如何被端上人们的餐桌。鲑鱼被世界作为一种刺身美食，最早可以追溯到挪威在养殖技术上的提高，在实现大规模养殖后，为了外销，挪威方面拜访了日本地区的公司代表与其达成协议，联合电视广告、大厨推荐等宣传方式，用平价方式打入了市场，广受好评。之后鲑鱼逐渐以日本料理的名义销售到世界各地，大量的需求也造成了养殖业的乱象。

导读：在本项目的研究中学生发现，鲑鱼（三文鱼）之所以会成为风靡全球的生食美味，很大程度上是由于营销手段对流行饮食文化进行影响与塑造。这场食客与销售者的狂欢，使鲑鱼在生长的过程中经历了无数的痛苦，这就像人类世下我们与环境问题的一个缩影。如何在作品中深入挖掘并呈现这一议题，是这一项目的重点。

鲑鱼走进世界餐桌的历史，吴雯萱绘制

鲑鱼走进世界餐桌的历史
生食鱼类的鱼种在发生改变，水产养殖规模也因为我们的饮食需求不断扩大

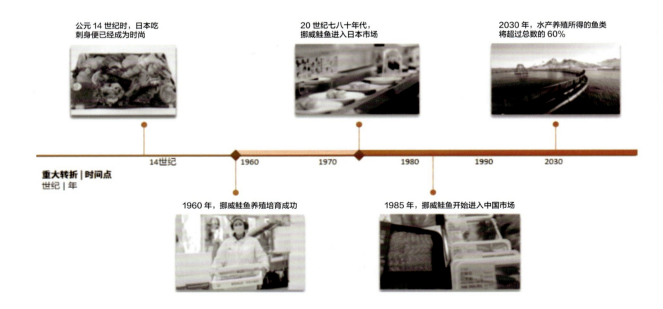

公元 14 世纪时，日本吃刺身便已经成为时尚

20 世纪七八十年代，挪威鲑鱼进入日本市场

2030 年，水产养殖所得的鱼类将超过总数的 60%

14世纪　1960　1970　1980　1990　2030

重大转折 | 时间点
世纪 | 年

1960 年，挪威鲑鱼养殖培育成功

1985 年，挪威鲑鱼开始进入中国市场

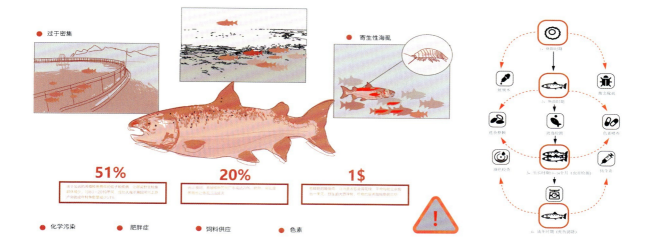

上：鲑鱼养殖面临的问题；
下：基于鲑鱼研究设计的
体验性食谱，吴雯萱绘制

3. 研究中遇到的问题

　　当初选择做鲑鱼的时候老师建议我多去寻找这个食品背后的一些故事，后来通过调研发现了鲑鱼大规模走上人们的餐桌其实是最近半个世纪左右的事情，同时也发现了很多不合理的养殖环境所造成的生态问题，为后续选题创作找到了思路。

　　在项目落实的过程中第一个比较困难的地方是主题的走向，一方面我觉得挪威的鲑鱼被营销为日本料理是个很有意思值得深挖的事情，同时也想展示由于不合理的人工养殖环境导致鲑鱼生长当中遭受许多痛苦。之后想起老师介绍过的人类世概念，我选择的食物开始大规模传播的时间刚好与其开始的时间吻合，同时鲑鱼走上人们的餐桌多半是人为的影响，不管是养殖还是营销活动，幕后的推手都是人类自己。这种食物好像是人类世下的一个缩影，我们可以从中看到人类活动的影响已经大大超过了自然变化的影响。所以我在想能否通过自己的设计去"反向营销"一下这种美食所带来的环境问题。

4. 学习总结

通过熟悉的食物，我学习到了在调研过程中如何聚焦设计问题，寻找适合的研究方向，怎么从表面可见的事物挖掘背后的问题。通过老师的一步步引导，学习到如何循序渐进地推进自己的项目。在这个阶段我看了很多有关鲑鱼的资料、书籍、相关艺术家作品，对于调研整合与发现设计议题的能力都有很大的帮助。同时在制作阶段老师介绍了很多不同的设计角度、呈现方式，学习了一些设计的表现语言，在视觉呈现上也有一定的提高，培养了我独立制作作品的能力。

2.3.3 从童年记忆到贸易结构：以糖为例（啸宇）

1. 我与糖的故事

从我有记忆开始，家里就一直卖糖，爸妈是中专时期的同学，毕业之后到了糖厂工作，之后糖厂资金链断链变为一个大而不倒的僵尸企业，于是他们出来自己开始做买卖，持续了二十多年，直到今天。所以我有很多关于糖的记忆，常跟随父母辗转于包头的各个市场、货站，以及糖厂的残垣断壁之间。由此，我对糖的记忆并不是单纯的美好，而是空气中弥漫的糖"腥"味，下雨过后，糖化到地板上掺杂着装卸工灰头土脸来回搬运时的汗滴，鞋踩上去黏黏的，有"吧唧吧唧"的声音，嗡嗡的封编织袋的声音以及电脑上红红绿绿的折线图，这些构成了我对糖的种种记忆。也正因为从小有在市场里生活的经历，我对点火炉、点库、工商局、三轮车、叫花子、站桥头、长

导读：糖是我们身边最基础的调味品之一，代表了"甜"的味道。但是对大部分人而言，糖又是陌生的，我们很少了解其背后复杂的经济与政治因素。这一项目从学生自己与糖的儿时记忆出发，研究其背后更加宏大的命题和丰富的味道。

糖厂实地考察，啸宇拍摄

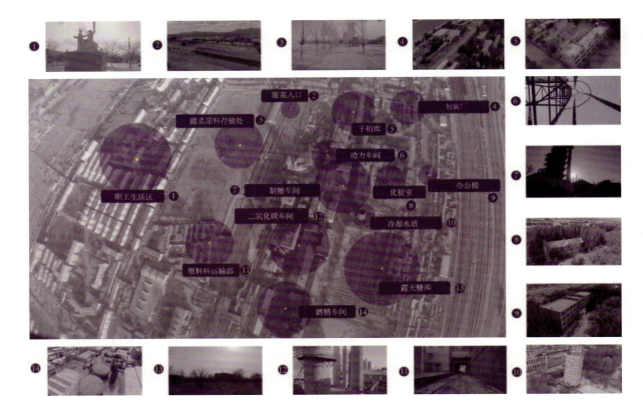

工短工、爬糖垛子、燕子在库房搭窝、烤红薯、烤鸡蛋、烤干粉条等词语更敏感一些。这些也是糖附加给我的记忆。在我的印象里，我不太喜欢吃糖，也不太爱吃甜点，可能是因为家里糖比较多吧，就不太珍惜这种有关甜的味觉。但是随着时间流逝，到了今天，我反而开始关注和糖有关的食品，同时依旧下意识地保持着去超市看一眼冰糖、白糖价格的习惯。糖既变为了一种我童年记忆的载体，也引导着我形成了今天对食品所持有的个人偏见。

2. 糖背后的议题

世界糖类贸易在战后依旧残留着殖民经济的身影，食用糖的生产与消费在各大洲呈现出极不均衡的态势。当然这与各种因素相关联，但糖作为一种粮食战略储备物资，影响因素尤其繁多，政治与权力的更迭变换在其中也扮演了不可或缺的角色。糖在不同的历史阶段，呈现出不同的社会属性。与茶和咖啡一样，糖在大航海时代成为殖民地经济的组成部分之一。直至今日，我们依旧能看到糖的生产受到那个时代的影响。甜与权力的纠葛，在被发现之日起仿佛就从未停歇。这也导致糖的生产与消费不简单等同于货架上的其他商品，其背后可以反映出国家经济水平、大众健康状态、文化观念，甚至国际关系与政治利益。

3. 呈现方式

我根据每个国家的产糖量和摄糖量做了不同的实验，每个国家由两种不同的味道组成一枚糖果的两面，我实验了苦瓜、柠檬、柚子籽、海盐等不同的材料，味道的强度则根据不同国家的生产量与消耗量而不同。甜与其他味道形成的冲击就是这个国家自身的糖类饮食结构和贸易结构的写照。

导读：这一项目来自于一位韩国留学生对于自我身份认同的思考。借由泡菜这一家乡食物为媒介，学生开始探索在异国他乡建立社会连接的可能。

家中腌制泡菜的场景，裴炫珉拍摄

2.3.4 从家乡特色到身份认同：以泡菜为例（裴炫珉）

1. 我家泡菜

对于我们家来说，腌制泡菜是很大的活动，大约有 20 人参与其中，腌制 300 棵以上白菜。

冬天来了，我们一家人就约定好腌制泡菜的日子。到了那天，大家各自将装满泡菜的桶装车后去外婆家。外婆家有个大院子。我们每年都会在这个院子里腌泡菜。我们每次到外婆家都会喝米酒，由于天气寒冷，还要在外面劳动，所以会先喝一杯酒，再去干活，家人们各自哼着歌到庭院里，给事先腌好的白菜排水，排水的过程中还需要搬运白菜，所以比想象中要费劲。

一家人聚在一起，吃着新腌制的泡菜和肉，聊着之前没能分享的闲话。这就是我们家腌制泡菜的方式。努力工作，愉快玩耍。

2. 留学生身份认同

很多人说留学是孤独的。留学真的孤独吗？我在过去的两年里，确实感到了身在异乡求学的孤独感。由于语言和文化差异等原因，留学生在留学国家形成的社会关系网普遍比较薄弱。薄弱的社会关系网会降低我们的生活质量。人类是群居动物，用吃饭聚拢人气结交朋友再平常不过了，人们自然就有了归属感。食物中含有多种文化的信息，我希望以食物为媒介，通过相互交流文化的方式重新建立留学生在异国他乡的社会联系。

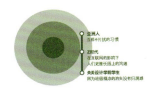

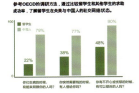

留学生身份认同调研结果，
裴炫珉绘制

帐篷区活动，裴炫珉拍摄

2.3.5 从隐形饥饿到膳食权力：以膳食指南为例（赵恒阅）

1. 食物议题关注点

如何更好地认知真相？我们过去的饥饿亦或是膳食权利是否被资本与媒体所裹挟？美国在发布第一版本膳食指南过后，美国社会膳食系统的方方面面都受其影响，亦指导了其他国家的膳食指南的发布，但为何在发布后人们的肥胖率却开始上升，其指南的科学性是否存疑？主流化的话语是否不再具有超然地位？在这些主流话语的背后是否存在另一种被隐匿的真相？面对这种情况我们可否搭建一种基于行动者网络框架的工具，将一切相关元素（去中心化个体以及组织亦包括非人物体）连接起来，构建成一种认识工具，将不可见的因素可视化，去更好地感知不同气候条件影响下的隐性饥饿真相。

导读：饥饿和营养始终是食物的重要议题，我们普遍认为的饥饿是由于食物无法得到充分保障，而这一项目想要探讨的是被隐藏起来的饥饿问题，以及被资本和媒体所控制的营养问题。

2. 研究方法

　　我研究的食物图谱结构总共分为两层，在第一层图谱中调研了主流话语权操控下的膳食权力是如何构成的，在中心化话语权体系指导下的饮食该如何进行？在第二层调研中我选取了全球饥饿地图数据、NGO组织地图数据以及全球隐性饥饿数据，通过组织非中心化话语权的元素以更好地搭建饥饿认知网络。通过上述两层图谱的建构，其目的是更好地搭建设计系统，即饥饿认知网络。在视觉实体上，我会用菜单的形式将各个地区的隐性信息以在地化食品的方式展现出来。

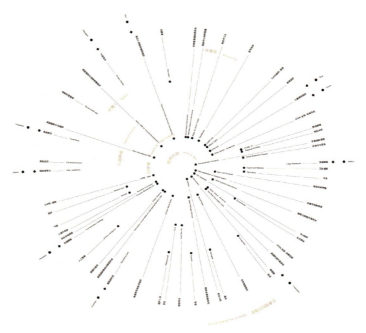

上：隐性饥饿行动者指南；
下：世界在地隐性饥饿信息
指南，赵恒阅绘制

第三章
可持续食物设计思辨:
生态与危机

were either beneficial or neutral in leaf
density severity

Blends Can Offer Pro
Stability In Most Cas

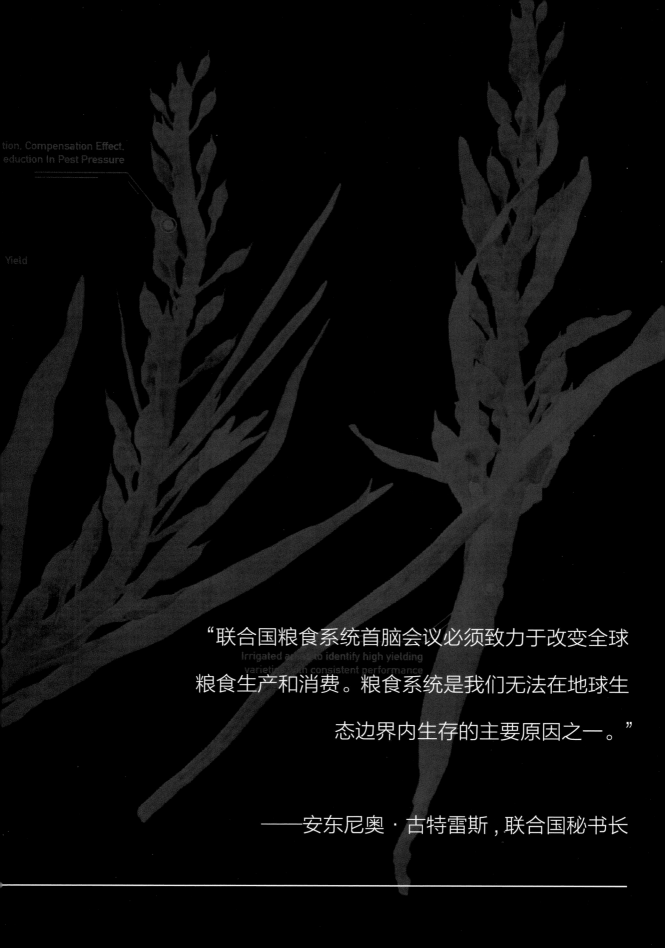

"联合国粮食系统首脑会议必须致力于改变全球粮食生产和消费。粮食系统是我们无法在地球生态边界内生存的主要原因之一。"

——安东尼奥·古特雷斯,联合国秘书长

第一节
食物与生态系统

提起生态危机，我们往往会想到大规模的工业，却忽视了每天都会接触的食物。然而，我们目前的食物系统对生态的影响是巨大的。在生态系统和地球资源方面，食物系统关系着碳与水的循环、土壤安全、动植物健康与物种多样性的方方面面。本节首先从食物与生态的相关概念出发，建立对于食物与生态的基本认识。我们将学习人类世、行星边界、食物系统等概念，了解当今重要的食物与生态议题，并在此基础上从定量的角度探讨食物的生态影响。

3.1.1 相关概念

生态危机和环境保护的概念我们并不陌生，早在 1972 年，一篇名为《只有一个地球》的环境著作在联合国人类环境会议上发表，五十多年后的今天这一口号已深入人心。为了更深入地思考食物与生态危机的关系，以下的一些概念将帮助我们建立基础的认知。

1. 人类世（Anthropocene）

人类世指人类活动对地球地质和生态系统产生重大影响的地质时期。该词汇由古希腊词根 anthropo-（人）与 -cene（新的，最近的）构成。这一概念旨在表明人类活动对地球的影响已经大大超过了自然变化的影响。自工业革命以来，人类在土地利用、建坝挖河、水资源利用等方面极大地改变了地球的面貌和环境。更为重要的是，人类活动改变了大气成分，化石燃料的大量燃烧造成大气中温室气体浓度飙升，改变了气候变化的方式，地球的历史演变自此进入了全新的阶段。

2. 行星边界 (Planetary Boundaries)

行星边界是用来定量描述我们的星球可以承受的各方面生态压力的概念。行星边界框架于 2009 年正式提出，科学家对地球关键生物物理过程的安全边界进行了设置，为厘定人类活动的安全操作空间提供了科学依据。这九个行星边界分别是：气候变化、生物圈完整性、生物地球化学流动（氮磷循环）、平流层臭氧消耗、海洋酸化、淡水变化、土地系统变化、大气气溶胶负载和新实体。科学家指出，当人类活动的影响超出一个或多个行星边界可能会引发行星尺度系统内的非线性、突然的环境变化，带来不可预料的后果。

学习目的
a) 了解食物与生态相关概念。
b) 掌握食物系统及其对生态的影响。

学习重点
a) 行星边界。
b) 以量化方式了解食物的生态足迹。

教学方法
本节涉及较多抽象概念和研究数据，可以多采用身边具体案例与抽象数据相结合的方式来引导学生理解。

思考：
人类活动对星球的影响有多大？怎样判断我们的星球处于安全的状态？当生态问题、经济发展和人类的生活质量之间发生冲突时，我们应该怎样抉择？

右：行星边界图示
资料来源：斯德哥尔摩大学
斯德哥尔摩气候研究中心，
刘诗宇翻译

从右图可以看出，在九项行星边界指标中已经有六项超出了安全范围，它们分别是：生物圈完整性、土地系统变化、气候变化、淡水变化、新实体和生物地球化学流动。

更多有关行星边界的资料可以参考斯德哥尔摩气候研究中心网站：
Planetary boundaries,
Stockholm Resilience
Centre, https://www.
stockholmresilience.
org/research/planetary-
boundaries.html

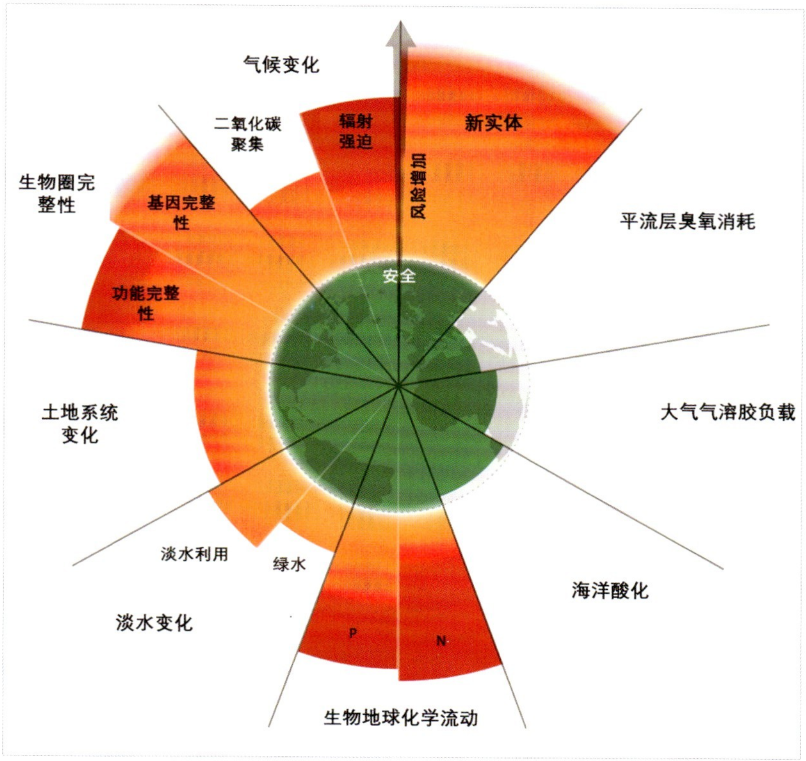

3. 食物系统 (Food System)

食物系统最早由布鲁斯·W. 马里恩（Bruce W. Marion）在 20 世纪 70 年代提出，将其定义为"农业与下游经济主体之间各种关系的总和"。今天我们普遍采用的食物系统的定义为：与食品相关的所有过程和基础设施，包括种植、收获、加工、包装、运输、营销、消费、分配和处置。食物系统是一个开放的复杂巨系统，我们无法脱离整个系统来谈论食物。

4. 甜甜圈模型 (The Doughnut)

甜甜圈模型由牛津大学经济学家凯特·拉沃斯 (Kate Raworth) 于 2012 年提出。凯特认为今天人类社会不能再以不断增长的经济作为发展目标，而是以全人类、全物种的繁荣为最终目标。她将行星边界的概念与社会边界的概念相结合，把人类可持续发展的目标描述为甜甜圈模型。[1] 甜甜圈外圈是代表了生态承载力的行星边界，内侧是保证基本生活的社会经济指标，在两层界限之间的环形区域是我们的安全生存空间。

用甜甜圈模型描述我们今天食物系统面临的挑战是非常清晰的——外圈：由食物系统导致的温室气体排放、生物多样性减少、氮和磷排放过度等生态问题亟须得到控制；内圈：在世界范围内消除饥饿、实现粮食安全、改善营养状况。

5. 食物里程 (Food Miles)

食物里程指消费者饮食消费与食物原产地之间的距离，反映了食物在运输过程中所付出的经济代价、健康代价以及质量代价。食物里程最早由伦敦城市大学食品政策中心的蒂姆·朗 (Tim Lang) 教授于 20 世纪 90 年代初提出，这一概念浓缩了食物背后距离、能源、文化和贸易的复杂性，又易于大众理解。20 世纪以来，食物的生产、

[1] RAWORTH K. Doughnut Economics: Seven Ways to Think Like a 21st Century Economist[M]. Vermont: Chelsea Green Publishing, 2017.

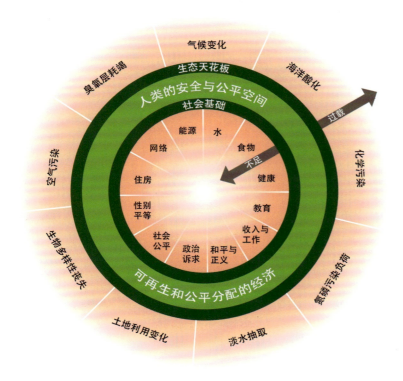

甜甜圈模型图示，来源：凯特·拉沃斯，刘诗宇翻译重绘

凯特·拉沃斯提出的甜甜圈模型对可持续发展的讨论产生了重大影响，激发了可持续发展领域的决策和创新的新方法。甜甜圈模型已被各国政府、国际组织和民间团体广泛采用，并被用作制定可持续发展新政策和战略的基础。它还激发了可持续发展、经济学和社会正义领域的新一代研究与创新。

有关甜甜圈模型的更多资料可以参考书籍《甜甜圈经济学》。

加工、运输和销售体系都发生了巨大的变化，蒂姆·朗教授希望引导大众去思考食物背后的来源和复杂的代价。不过，食物里程并非是判断食品运输代价的唯一指标。例如，相同的运输距离下，空运的排碳量远远高于海运和陆运。

6. 碳足迹 (Carbon Footprint)

碳足迹指企业机构、活动、产品或个人通过交通运输、食品生产和消费以及各类生产过程等引起的温室气体排放的集合。食物的碳足迹是指食物在种植、饲养、耕作、加工、运输、储存、烹饪和处置过程中所产生的温室气体排放。根据发表在《自然》杂志的一项研究，食物系统的碳足迹大约占全球人为温室气体排放量的三分之一。其中最大的排放量来自农业和土地利用变化，其余来自供应链的零售、运输、消费、燃料生产、废物管理、工业加工和包装。

3.1.2 食物系统的生态影响

联合国环境署发布的一项报告指出：农业、林业和渔业是生态危机最大的推动因素，导致了 60% 的生物多样性丧失、80% 的森林砍伐和 70% 的淡水消耗，使食品和农业的遗传学资源面临风险。[1] 据多项地球研究估计，人类在遗传多样性以及氮磷流动方面的"安全操作空间"早已超限——而农业是这一侵越的主要推动因素。参考行星边界九大指标，食物系统对于生态的影响主要集中在以下几个方面：温室气体排放、土地利用、淡水利用、水体富营养化以及生物多样性丧失。

气候变化的预期影响包括多个区域的农作物产量下降、水资源可利用量显著减少，上升的海平面威胁到主要城市，珊瑚礁遭受严重破坏，濒危物种增多，以及暴风雨、森林火灾、干旱、洪水和酷热加剧。农业既是气候变化的主要肇因之一，同时也深受其害。

[1] Alexander Müller, Pavan Sukhdev. 衡量农业和食品系统中的重要因素：针对农业和食品的 TEEB 的科学与经济基础报告结果和建议综合 [R]. 日内瓦：联合国环境署，2018.

不同种类食物的生态影响（碳足迹、用水、土地利用等）可以参考 Our World In Data 网站 https://ourworldindata.org/environmental-impacts-of-food

WWF 饮食生态影响计算器 https://planetbaseddiets.panda.org/impacts-action-calculator/china

1. 温室气体排放

食物系统产生的温室气体约占人类活动的三分之一。不同种类食物在生产过程中的温室气体排放量差异很大，生产肉类（尤其是牛肉）的温室气体排放量远远高出植物类食物，其中畜牧业养殖阶段的碳排放主要包括饲料作物、动物本身及其排泄物、肥料生产、常规农业生产活动四大方面。

2. 土地利用

在人类历史的大部分时间里，世界上的大部分土地都是森林、草原和灌木等构成的野生栖息地。而在过去的几个世纪里，情况发生了巨大变化：大量野生栖息地变成农业用地。广泛的土地利用对地球环境产生了重大影响，威胁到生物多样性。例如，在热带地区，新的农业用地往往是以牺牲雨林、热带稀树草原和生态系统为代价的。减少资源密集型产品的消耗并提高土地的生产力，可以减少农业生产投入和对环境的影响。

3. 淡水利用

人类可利用的淡水资源极度紧缺，且面临着人口增长、气候变化等供需压力。然而，在世界大部分地区，超过 70% 的淡水用于农业。其中农作物生产消耗的淡水最多，淡水的流失主要由于作物植物的蒸腾作用和土壤灌溉设施的蒸发。不同类别的食物所需的淡水也不同，养殖虾和奶牛的淡水消耗量高于其他食物。

4. 水体富营养化

人类活动深刻改变了全球氮、磷循环，其主要驱动因素是化石燃料燃烧和农业、工业的肥料高需求。农作物种植和畜牧业需要投入大量氮元素，然而施用于农田的氮大约只有一半被吸收，其余的氮进入水体、空气，造成富营养化。

食物系统的生态影响，刘诗宇翻译重绘

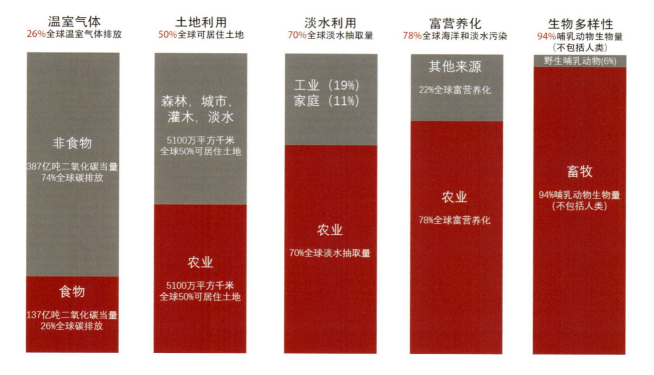

5. 生物多样性丧失

生物多样性包含了基因多样性和功能多样性两个方面。农业对生物圈的影响主要由土地利用变化导致。气候变化和栖息地破碎化也导致外来物种入侵，对生物多样性和生态系统功能造成更大影响。同时，生物多样性也是农业的基础。维持生物多样性对于粮食和其他农产品生产都极其重要，包括粮食安全、营养和农业收入。

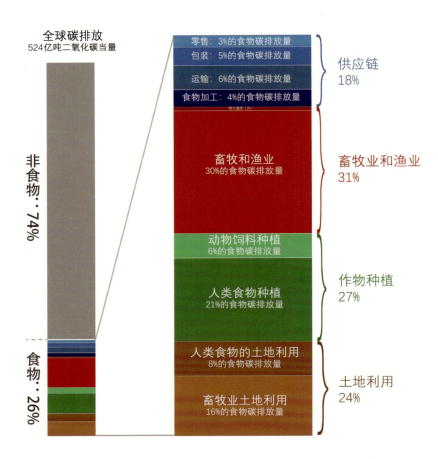

食物系统的碳排放，刘诗宇翻译重绘，资料来源：Joseph Poore & Thomas Nemecek(2018), Reducing food's environmental impacts through producers and consumers, Published in Science.

第二节
可持续食物系统与危机应对

学习目的
a) 了解可持续食物系统变革的现状。
b) 寻求食物系统向可持续转变的潜力。

学习重点
可持续食物系统变革实践案例。

教学方法
本节以案例研究为主要学习方式，可以在课前组织学生分工进行案例收集和研究，在课堂上进行展示与分享。

自主探究:
选择食物系统中自己感兴趣的一个环节，探究以下问题:

1. 这一环节的哪些步骤可能会给生态环境带来影响? 主要影响行星边界的哪些维度?
2. 在已有的实践中，有哪些措施可以避免或缓解这样的影响?
3. 你认为想要解决这一问题，可能会遇到什么困难? 可以从技术、成本、营养、效率等不同的角度思考。
4. 你还能想到什么可能的解决方案?

近年来，越来越多的机构和个人意识到了食物系统对生态的重大影响，开始关注可持续食物系统的变革。根据联合国环境署发布的《衡量农业和食品系统中的重要因素》报告，农业和食物系统在 21 世纪面临的挑战在于不同专业的视角无法形成全局思维，例如: 农学家的视角在于满足与日俱增的人口的粮食需求; 环境学家的视角在于拯救地球生态环境; 社会学家的视角在于可持续的农村生计和社会公平; 经济学家的视角在于高效率的廉价食品市场; 健康专家的视角在于健康的饮食。因此，想要在食物系统领域做出变革，我们必须以系统性的思维展开跨领域合作，并因地制宜展开地域性实践。

中国环境与发展国际合作委员会专题政策研究报告《可持续农食系统——实现中国粮食和气候安全目标》将农食系统转型的可行性方案分为四类，即生产更多（且更有营养）的食物、保护自然、减少农食系统的低效和污染、恢复退化的土地。哥本哈根大学课程《全球粮食系统转型》总结了促进粮食系统可持续转型的四个要素: 鼓励小微生产者、促进大企业转型、减少浪费和优化饮食。下面我们将从食物的生产、供应链和消费者三个角度来探讨可持续的变革方案。

3.2.1 食物生产

1. 新型农业模式

在过去几十年中，工业化农业成为世界各地的主要农业生产模式，一定程度上满足了快速增长的粮食需求，但同时也埋下了巨大的隐患。作为一种集约化和竞争性农业模式，工业化农业的特点是大规模种植单一化的农作物，大量使用化肥、除草剂和杀虫剂，尽可能追求最佳产量。这种农业模式对生态的影响主要体现在以下方面。

1) 依赖农药控制病虫害不仅会破坏土壤生态系统和生物多样性，也容易因耐药性而失效，同时农药会通过土壤渗入地下水，危害人类健康。

2) 化肥的过度使用导致土壤肥力下降，同时农作物对化肥的利用率低，未被利用的氮、磷等元素造成水体、土壤污染和富营养化。

3) 农田灌溉易造成淡水资源的流失。

4) 常年种植单一作物易引起土壤退化以及包括蜜蜂群落在内的生态系统的失衡。

因此，科学家和农业实践者开始探索一些更加可持续的农业模式，有些从传统的农业智慧中汲取经验，有些则探索新的高科技手段，出现了再生农业、垂直农业和精准农业等新模式。

(1) 有机农业到再生农业

20 世纪前期，植物学家开始研究化肥和杀虫剂对土壤和作物的危害，提出了有机农业。有机农业的主要方法包括作物轮作、绿肥和堆肥、生物害虫防治和机械耕作。通过一些措施利用自然环境来提高农业生产力：种植豆科植物以将氮固定到土壤中，鼓励天敌捕食昆虫，轮作以迷惑害虫并更新土壤，以及使用天然材料和覆盖物控制病害和杂草。

在有机农业的基础上，发展出了更加注重生态系统整体性的朴门永续和再生农业等概念。与工业化农业尽可能多地生产同一种作物的做法不同，再生农业致力于在生态系统中创造尽可能多的联系，以确保在产出作物的同时维护土壤的活力。由于不同地区土壤和气候条件不同，再生农业的具体做法也多种多样，其中比较常见的三种形式为：免耕农业、再生放牧和农林复合。免耕农业指避免因机器耕种破坏土壤的有机环境和微生物群落，转而通过动植物帮助疏松土壤、聚集有机质。再生放牧通过在分区的牧场上轮流放牧，给草场积累有机质的时间，避免因过度放牧导致土壤侵蚀而沙漠化。农林复合在不同的时间顺序和空间位置上将多年生乔木、农作物、家畜结合在一起，形成具有多种群、多层次、多产品、多效益特点的人工复合生态系统。在我国具有悠久历史的桑基鱼塘是养耕共生的一个典例，通过巧妙地结合水产养殖、桑树种植和养蚕，将有机物不断循环再利用，减少排污。

(2) 垂直农业

垂直农业是在垂直堆叠的空间中种植作物的做法，是由哥伦比亚大学迪克森·德波米耶（Dickson Despommier）教授提出的。它的主要优势是提高作物产量，同时减少单位面积的土地需求。垂直农业可以利用建筑物、集装箱、隧道和废弃的矿井等空间，通常结合优化植物生长的精细化环境控制技术和无土栽培技术，如水培法、鱼菜共生法和气培法。垂直农业提高了对土地的利用率，有利于减少农业用地对自然环境的破坏。此外，由于农作物种植在室内，受极端天气影响小，产量可控。但这一农业模式目前也面临着高成本、高电力能耗和污水处理等问题。

思考：
你还能想到哪些像桑基鱼塘这样的共生农业案例？

思考：
你认为在城市中推广垂直农业可能会遇到哪些挑战？

垂直农业
垂直农业是一种现代农业方法，即在温室或摩天大楼等受控环境中以垂直堆叠的方式种植农作物。垂直耕作的概念可以追溯到 20 世纪初，但直到 21 世纪初，这一想法才作为解决传统农业挑战的可行方案而受到重视，这些挑战包括土地稀缺、水资源稀缺，以及对更可持续和高效的食品生产方法的需求。

（3）精准农业

精准农业是基于空间信息分析与管理的现代农业管理策略和农业操作技术体系。精准农业是通过3S(GPS、GIS和RS)技术和自动化技术的综合应用，按照田间每一块操作单元上的具体条件，更好地利用耕地资源潜力，科学合理利用物资投入，实现精准施肥施药、精准养殖。精准农业技术的应用可帮助农业生产经营者根据农田的土壤特性和作物生长发育的需要，管理作物的生长过程及各种农业物资的投放（肥料、除莠剂、杀虫剂、种子等），最大限度发挥土壤和作物的潜力，从而降低物资消耗、增加利润、保护生态环境。

2. 畜牧业可持续变革

全球畜牧业的温室气体总排放量在人为温室气体排放量中的占比不容小觑，其中牛类养殖是排放量最大的畜牧业产业。对环境影响最大的几个环节是饲料生产和加工、反刍动物肠道发酵、粪便储存和处理。目前已经有一系列可行措施推动畜牧业的可持续变革，包括：使用更好的饲料和技术喂养反刍类动物，以减少消化过程中产生的甲烷以及分解粪便释放的温室气体；利用厌氧消化池将牲畜粪便转化为用于植物生长的堆肥和可再生能源沼气，用于电力、供暖或运输；改善动物健康和福利、减少动物疾病的经济影响，以提高食品安全和降低抗生素耐药性风险等。

3. 可持续渔业和水产养殖

渔业和水产养殖是人类食物系统的重要来源，海洋每年为人类提供超过1亿吨的海鲜产品，与世界渔业产量和养殖量急剧增加相对应的是海洋渔业资源的锐减和生物多样性的下降。水产的捕捞与养殖可能会对生态产生以下影响：过度捕捞（从海洋中捕捞野生动物的速度快于种群繁殖的速度）导致鱼类资源的耗竭；围网捕鱼、延绳钓等捕鱼活动导致捕获大量非预期物种；人工养殖场可能会对敏感的沿海生态环境造成破坏；逃离养殖场的个体鱼苗可能会传播疾病和寄生虫到自然环境中等。为此，各国家和地区出台了一系列渔业管理办法，主要通过实施渔民捕捞许可证制度、制定捕捞配额、限制捕捞方法、规划海洋保护和设置禁渔期等措施促进渔业和水产养殖的可持续发展。

4. 替代蛋白质

蛋白质是人体必需的营养物质，摄入充足的蛋白质对人类的健康至关重要。然而，不同来源的蛋白质对环境的影响差别很大，动物性食品的生产往往比植物性食品的温室气体排放量更高。因此，生产取代动物蛋白的替代蛋白质成为近年来新兴的食品产业。所谓的替代蛋白质是一个生产总称，根据原料不同可分为植物蛋白、微生物蛋白、细胞蛋白和昆虫蛋白等。植物蛋白主要来源于谷物类（如麦类、豆）、根茎类、干果和坚果等，是人们较为熟知的食物来源。细胞培养蛋白是运用细胞培养技术在动物体外培养肌肉组织，可以避免传统养殖所使用的抗生素和激素，保留传统肉类的口感和味道。除此之外，目前已有通过火山微生物、海藻、微藻、昆虫甚至空气等多种原料制造蛋白质的案例。

3.2.2 食品供应链

1. 可持续的食物包装

除了食物本身，食品包装也在给生态环境带来巨大的压力。我们今天使用的大部分食品包装都由化石燃料制品制成，不仅造成了巨大的碳排放，也因其难以降解，持

世界自然基金会（WWF）发布的《海鲜消费指南》

WWF发布的《海鲜消费指南》以红、黄、绿分级的形式给出"谨慎食用""减少食用"和"鼓励食用"的建议目录，帮消费者做出对环境友好的海鲜消费选择。

思考：
在日常生活中你是否关注过所购买水产的生产方式是否可持续？

续威胁着自然界中各物种的生存。因此，越来越多的消费者和企业开始寻求更环保的解决方案。以植物为基础制成的可再生、易降解的包装材料成为许多企业的选择，例如稻壳模压成型的大米包装、咖啡渣复合而成的咖啡罐、甘蔗做成的瓶盖等。还有一些食品厂商完全采用回收塑料、玻璃或海洋垃圾作为包装材料，实现变废为宝。此外，无瓶标的饮料也成为一项潮流，在瓶身去掉标签可以减少生产过程中对塑料的利用，简化回收材料的回收与加工工序。

除了对包装材料进行可持续设计，也有一些设计师希望通过减少食物包装所占体积以降低运输成本和存储空间。麻省理工学院可感知媒体实验室（Tangible Media Lab）的一项研究利用不同特性的原材料制作出了可以遇水形变的意大利面。在干燥状态下，意大利面保持扁平状态，利于运输和储存，而吸水之后则膨胀为预设的三维结构，保留了意大利面的风味和特色。

2. 区块链与食品溯源

食品可追溯性对于食品质量和安全至关重要，也是确保食品供应链可持续性的最大挑战之一。由于食物系统的供应链往往较长，且涉及错综复杂的主体，使得食品安全监管和溯源尤为困难。目前的一项解决方案是利用区块链去中心化、不可篡改、公开透明、可完整追溯等特性，开发基于区块链的食品溯源平台，实现食品从生产、加工、运输到销售等全过程的透明。消费者可以通过商品上的溯源码追溯商品的信息，保障食品安全。区块链也让展示食物来源、食物如何加工和分配以及食物在何种环境条件下生产成为可能，从而激励环境友好型行动。

思考：
你还见过哪些更加可持续的食品包装方式？日常生活中，如何可以增加可回收包装的回收率？

Fitzroy Premium Navy Rum
公司以回收的可口可乐标签制成朗姆酒瓶盖

在设计中使用回收的食品包装是一个相对较新的发展方向，它起源于 20 世纪末。随着时间的推移，人们的关注点已经从功能性产品转移到更注重美学的产品上。随着对环境友好型产品的需求不断增加，在设计中使用再生食品包装的情况在未来可能会继续增长。

3. 减少供应链损耗

联合国世界粮食计划署的报告指出：全球有三分之一的食物被损耗或浪费，其中损耗往往发生在供应链早期的生产、加工和运输过程中。我国新鲜水果和蔬菜的损耗率都不容小觑，减少供应链上的食物损耗对于改善粮食安全、营养问题和小农收入至关重要。缩短食品供应链、提高运输效率、采用可持续包装和标准化的周转筐等措施对于减少损耗、降低成本有着重要作用。此外，物联网技术有望提高整个供应链的可视化和可控性，比如内置传感器可用于监测食品新鲜度，帮助供应链各方及时做出决策，减少食物损耗。

设计师 *Maude Paquette-Boula* 以蜂蜡制成的蜂蜜包装，食用完毕后可倒过来作为蜡烛使用

3.2.3 健康膳食与消费

　　《可持续农食系统——实现中国粮食和气候安全目标》报告指出，在过去三十年里，我国食物消费的总体趋势是主食消费减少，而动物性食物消费增加（以肉类和奶类为主）。营养水平变化带来的主要影响，最初是热量和蛋白质摄入量得到改善，而当脂肪、盐和糖的摄入超过一定水平后，随之而来的是心血管疾病增加和肥胖流行。健康的膳食与消费习惯不仅有益于我们的身体健康，也可以对环境产生积极的影响。该报告倡议：制定国民膳食营养指南，不仅符合健康要求，而且符合可持续性要求；加强宣传、注重包装标签设计和完善食品营销法律等；将更健康的饮食与可持续生产计划联系起来，旨在增加中国小农的新鲜水果和蔬菜产量，并增加中国消费者获得新鲜水果和蔬菜的机会；扩大国家"光盘行动"倡议，在零售、服务和家庭层面，减少和避免食物浪费（和相关的塑料垃圾）；推广动物蛋白（特别是牛肉）的替代品，包括合成肉、植物性加工蛋白餐等。其中减少和避免消费端的食物浪费是每个公民都可以积极参与的，我们将在下一章详细讨论城市食物浪费与解决方案。

第三节
可持续食物设计思辨
研究议题

在笔者的"食物图景"教学中，学生在完成本章学习内容后需结合自己的项目选题，研究该食物（或主要原材料）相关的生态影响，绘制生态足迹图谱。学生关注的生态议题涵盖了当今食物领域的重大关注点，主要包括：饥饿与极端气候、棕榈油与生态多样性、粮食多样性与全球变暖、食物浪费。本节选取了一些项目作为典型案例分析，旨在呈现学生研究过程中的切入点、研究方法、跨尺度的思考方式和数据研究与表达能力。

3.3.1 粮食多样性与全球变暖（黎超群）

联合国在 2021 年气候变化报告中指出，全球气候变暖导致自然灾害频发，生态危机日益严重。全球海平面上升将导致数亿人离开原有的居住地，并且给农业带来巨大的影响。植物遗传资源的保护将成为应对生产系统中可持续性、弹性和适应性的关键组成部分。它们给予农作物、牲畜、水生生物和林木抵御各种恶劣条件的能力。

气候变化对粮食的主要影响有如下几方面。

1. 极端天气

极端天气，尤其是洪水和干旱，会损害作物并降低产量，增加病原体和毒素，也会对粮食运输造成极大的影响。

2. 温度上升

在夏季气温升高导致土壤变得更干燥的地区，应对干旱可能成为一项挑战。干旱期间，害虫的天敌可能减少，农作物对病虫害的天然防御能力被削弱。农民可能会增加使用化学农药来控制病虫害。同时温度上升会造成雨水不均，减少可用于灌溉的淡水资源。

导语：该项目聚焦于研究并定义全球变暖给粮食系统带来的重大挑战，探讨了如何利用植物遗传资源作为可行的解决途径。

对海平面上升和粮食之间关系的研究已经表明海平面上升对粮食安全的潜在影响主要包括肥沃的沿海土地的损失、盐水侵入淡水含水层、洪水增加和降水模式的变化。

3. 二氧化碳的增加

虽然空气中二氧化碳浓度的上升在一定程度上可以刺激植物生长，但它也降低了大多数粮食作物的营养价值。大气中二氧化碳含量的上升会降低大多数植物物种（包括小麦、大豆和大米）中蛋白质和必需矿物质的浓度，直接影响到作物营养价值，对人类健康构成潜在威胁。

4. 影响微生物系统

从更小的尺度上来看，海平面上升更是影响着微生物系统，对粮食营养、隐性饥饿、病虫害和土地盐碱化造成影响。

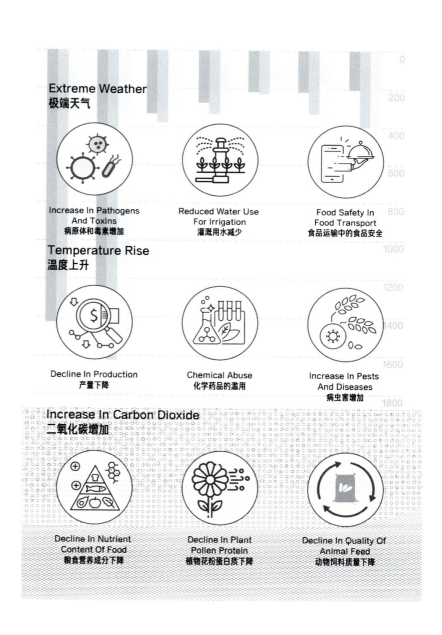

生态危机对粮食的影响，黎超群绘制

生态危机，包括气候变化、生物多样性的丧失和生态系统的退化，对粮食安全和未来的人口趋势有重大影响。

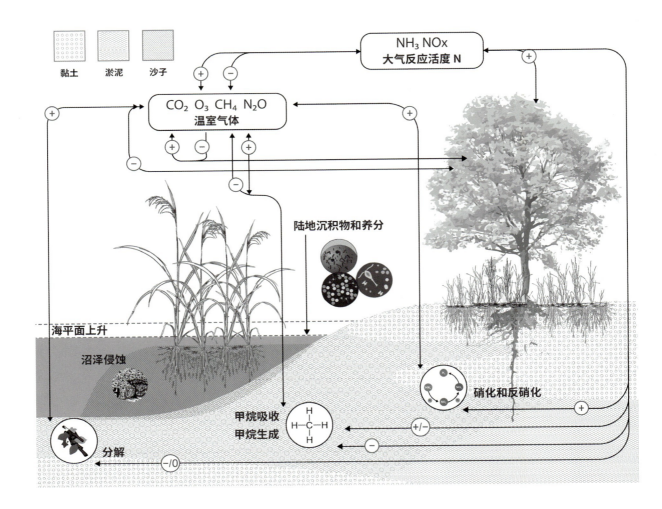

遗传资源与全球变暖之间的关系对食物多样性具有重大影响。遗传资源是指植物、动物和微生物中发现的遗传物质的多样性，对于维持和提高农业生产力和应对全球变暖等环境挑战的恢复能力至关重要。种子库、保护计划和促进遗传多样性的可持续农业实践等举措是农业部门应对气候变化做出的重要工作。

海平面上升与食物危机，黎超群绘制

3.3.2 食物浪费与环境危机（吕思缇）

在全球社会系统和生态系统中，全球变暖只是全球环境危机的一个症状和放大器。全球社会系统和生态系统由许多"系统化的系统"组成，其中每个系统的逻辑、复杂动力学和对其他系统的影响决定着它自身的运行。集体和个体的社会行为在多个领域和知识系统中发挥作用，并在同一时间和多个层次上相互作用。在气候变化的背景下，所谓的"正临界点"（Positive Tipping Points）指的是那些通过减缓或适应来增加社会弹性，减少气候变化带来的损害的情况；而"负临界点"（Negative Tipping Points）更可能发生在社会弹性水平较低的地方，在这种情况下，社会风险会增加，因为无法有效地适应或缓解气候变化的影响。本项目旨在通过食物与生态系统创造更多积极的临界点。

食物的生产过程给全球带来了巨大的温室气体排放。在纺织品的生产、制造和运

导语：本项目尝试结合食物浪费与时尚产业的环境问题，研究以食物残余物为原材料的可降解面料解决方案，并以食物天然色素引入面料之中，避免纺织行业的染色废料问题。

上：纺织纤维研究；下：食物作为面料的天然色素，吕思缇绘制

输过程中也会排放各种类型的温室气体，由化石燃料制成的合成纤维使该行业非常耗能。除此之外，时装业和纺织业也是造成土壤污染的原因之一。时尚产业的可持续发展是一个非常重要的发展方向，我们需要找到一个新的变革性系统缓解服装纺织产业链带来的生态危机（雨林危机、土壤危机、温室气体排放）。目前的时尚设计师与面料制造商们，希望在可持续方面对其各自产品进行区别，并减少由衣物洗涤引起的微纤维污染现象。因此可降解生物材料逐渐成为了时尚界重要的研究目标，以残余食物为原料的可降解面料成为一种新的可能。

Color Expectation Experiment：Color as Burdening
"颜色期望"实验：颜色作为配料

橙子需要橙色，这是一种颜色期望。
如果橙子不是橙色的，那它就不是橙子。

Flavedo｜Carrageenan Kappa
橙子皮｜卡拉胶生物皮革

经过天然色素染成橙色的生物皮革。

导语：本项目聚焦食物浪费中的厨余垃圾，研究了食品供应链上的食物损耗以及家庭厨余垃圾的体量与当前处理方式，为后续可持续方案的设计提供了扎实的基础。

3.3.3 厨余垃圾与可持续生活（柳思缘）

民以食为天，食物是人类生存和再生产的前提，是文明赖以存在和发展的根基。中华民族创造了源远流长、震古烁今的农耕文明，孕育着珍惜食物、节约粮食的文化基因，更以此作为构造礼乐秩序的思维原点，并延伸出体察民事维艰的价值观念。时至今日，从孩提口中朗诵的"谁知盘中餐，粒粒皆辛苦"，到社会层面系统推进的"光盘行动"，无不继承和弘扬着国人节约粮食的朴素情感和品德风尚。然而，在物质生产极大丰富的现代，生产过剩与粮食节约似乎存在矛盾，这不仅体现在后现代思维方式与传统价值观的差异，更表现在全球约有三分之一的食物被无情浪费、九分之一的人经常遭受饥饿。

食物的损耗往往发生在储运、加工和流通等环节中，而食物的浪费则多发生于消费端。厨余垃圾存在于餐前和餐后，除去每日产生的剩菜剩饭，它还包括家庭日常生活中丢弃的果蔬及食物残渣、瓜果皮等易腐有机垃圾。甚至我们一些习以为常的行为也会制造厨余垃圾，例如我们在超市或菜市场购买到的瓜果蔬菜通常需要削皮或择去烂叶才能食用，然而却很少注意到平时清洗和切除瓜果蔬菜会产生大量的厨余垃圾。正是这些无意之中的浪费行为，加重了厨余垃圾的处理负担。

当下，厨余垃圾再利用正在日益成为人类绿色生活的必选项。在食物生产、运输、消费和再利用的全链条上，从消费环节到厨余垃圾处理环节都会产生严重的资源浪费、环境污染和温室气体排放。2021年国际公益性环保组织绿色和平发布的《厨余垃圾全生命周期低碳管理综述》研究报告显示，我国厨余垃圾占城市生活垃圾的50%左右。家庭源产生的厨余垃圾体量巨大，为生态环境带来了极大的压力。

上：食物供给链不同环节的食物损失与浪费示意图；下：厨余垃圾处理过程分析图，柳思缘绘制。

概念定义

- 从成因来看，食物损失可分为食物损耗和食物浪费。

- 食物损耗是指食物（或原料）在储运、加工、流通环节中，因为技术、设备等非主观行为因素造成的食物的损失。

- 食物浪费是由于人们不合理的消费目的和行为，以及由于缺乏节约精神等主观意识，造成的在现有的条件下本可以避免的一类食物损失。

- 本次报告着重关注消费端中的家庭源的浪费现象，即厨余垃圾中的食物浪费。

家庭源厨余垃圾分离率提高20%，温室气体排放就会减少5%~7%。

一氧化二氮(N_2O)

二氧化碳(CO_2)

甲烷(CH_4)

填埋1吨食物废弃物将会产生约125立方米填埋气体。

在堆肥过程中排放的CO_2、N_2O、CH_4和NH_3气体在一定程度上造成了二次污染。

① 源头减量和分类
厨余垃圾进入处理环节之前，需要经过收集、暂存、预处理等环节。在对不同食物浪费回收场景的分析中发现，生产收集垃圾所用的塑料袋占据了55%的能源消耗。

② 收集运输
Bernstad & Jansen(2012)称国外多项研究表明，厨余垃圾的交通运输环节在全生命周期环境影响中极为显著。厨余垃圾在运输阶段产生的温室气体排放不容忽视。

③ 填埋和焚烧
用填埋方式处理厨余垃圾，其中绝大部分碳最终转换为沼气，对全球变暖产生巨大影响。塑料作为影响垃圾焚烧温室气体排放量的关键类别，可单独收集提高其分离率。

④ 好氧堆肥
堆肥是一项公认的高效处理有机垃圾的技术。现有研究表明堆肥的能量输入差异较大，每吨厨余垃圾约需要15.1~55.0千瓦时电力或0.01~15.3升柴油投入。

政策建议

- 建立针对食物浪费和厨余垃圾管理的专题数据库，开展以数据为基础的厨余全链级管理以及政策、项目评估工作。

- 提升"资源化利用"在食物管理层级上的优先级，强调食物捐赠、饲料化、肥料化等不同优先层级工业用途的开发使用，避免低能效的焚烧发电。

- 通过多种财政政策手段激励前端垃圾减量、垃圾分类和资源化利用。

- 未来的政策研究应向其他环境影响及货币化核算、食物行业产业进行延伸，推动全产业链条全生命周期的低碳管理走向"循环经济"。

中国厨余垃圾多半依靠填埋处理的传统方式。依据中国"十三五"规划，2020 年，焚烧是主要的生活垃圾处理方式，处理能力达到 54%，填埋处理能力大约为 43%，其余 3% 为堆肥等其他处理方式。近年来，随着城市环保生态链的完善，焚烧式的生活垃圾处理方式逐渐成为未来的一种社会发展趋势，并逐步实现原生生活垃圾"零填埋"。长期以来，虽然采取填埋方式处理厨余垃圾的占比逐年降低，但距离低碳、可持续的发展目标仍任重道远。因此，如何减少食物浪费并妥善处理厨余垃圾正在成为全球性的共同挑战。

第四章
可持续食物设计场域:城市与社区

"我们已经生活在'食托邦'(Sitopia) 之中。我们生活在一个由食物塑造的世界，如果我们意识到这一点，我们可以把食物作为一个非常强大的工具——一种新的概念和设计工具，来塑造一个不同的世界。"

——卡罗琳·斯蒂尔 (Carolyn Steel)，

英国著名思想家与建筑师

第一节
食物与城市发展史

4.1.1 食物与古代城市

食物系统对城市的重要性可以追溯到古代城市的起源与发展：充足的粮食生产是城市兴起的必要条件，伴随着领土扩张的食物交流为帝国带来了丰富的食物选择，同时食物供给也限制了城市的规模和形态，甚至导致了某些城市的衰落。通过以下几个古代城市与食物的例子，我们将更好地理解城市与食物系统的关系。

1. 农业与早期城市的起源

城市的产生可以追溯到人类的定居阶段。在距今约一万年前，人类渐渐掌握了农作物种植技术和家畜驯化技术，较为稳定的食物来源使得人类不必四处移动寻找食物，同时作物的种植和储藏也要求相对稳定的生活场所抵御外界的威胁。依靠采集、狩猎为生的原始聚落慢慢转变为依靠农业为生的定居村落。

并非所有的定居点都会发展为城市，从生产力的角度看，农业文明的发达与发展是城市出现的经济基础。当农业生产力提高到一定程度，其剩余的食物足以养活一部分不必直接从事农业生产的人群，手工业和商业才得以发展。反过来，城市为农业成果提供了军事保障和技术支持，农村与城市形成相互依赖、相互促进的关系。[1] 因此，大多数早期的城市都是基于"核心－腹地"的城市模型：密集的城市核心被农田包围，较小的城市规模有利于周边农业腹地为城市提供充足的食物。

2. 古罗马的食物疆域

当城市发展到一定规模，仅凭自身的农业腹地难以满足城市人口庞大的粮食需求，往往还需要依靠长途贸易。作为世界上最早的"消费城市"之一，在公元前一世纪拥有数百万居民的古罗马建立了不同于其他城市的食物系统。

意大利半岛土壤肥沃、雨水充足，适宜发展农业和畜牧业。在古罗马早期，粮食生产仍是本土主要的农业活动。随着古罗马不断对外扩张，占据的粮食生产地越来越多，古罗马本土大土地所有者开始大力发展庄园经济，粮食生产被置于次要地位。在鼎盛时期，依靠地中海霸主的地位，古罗马从地中海、北大西洋和黑海各地进口谷物、油、火腿、盐、蜂蜜和酒类。[2] 换句话说，古罗马的食物系统建立在庞大的"食物里程"之上，且主要经由海洋运输。在当时的条件下，在海洋上运输食物的成本仅是陆路运输的四十分之一，而且更省时省力。

学习目的
a) 理解城市发展与食物系统的相互作用。
b) 迁移思考今天城市与食物的新关系。

学习重点
a) 食物系统有关城市理论。
b) 都市农业理论和实践。

教学方法
本节涉及较多案例与理论学习，可以研讨课的形式组织学生在课堂上围绕思考问题进行讨论。

[1] 谭纵波. 城市规划 [M]. 北京：清华大学出版社，2005.

[2] ANDRE VILJOEŃ, JOHANNES S C WISKERKE. Sustainable Food Planning: Evolving Theory and Practice[M]. Wageningen: Wageningen Academic Publishers, 2012.

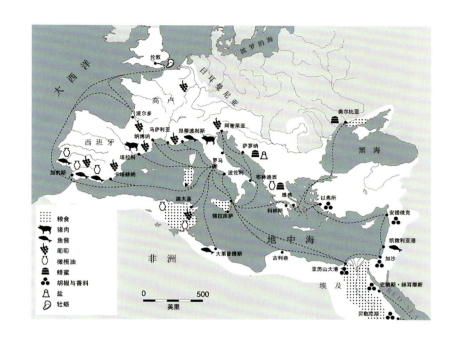

古罗马食物疆域，图片来源：卡洛琳·斯蒂尔（Carolyn Steel），潘晨斐翻译

这张地图反映了古罗马繁盛时期通过海运从周边各个地区进口食物的种类与路线。观察此图，思考以下问题：哪些要素支撑了古罗马食物系统的运行？依靠长途贸易的城市食物系统和自给自足的食物系统相比有什么优势？有什么劣势？

思考：
截至 2020 年，我国有七个人口超过 1000 万的超大城市，是唐都长安人口的 10 倍以上。你认为哪些领域的发展使得今天的城市可以满足更多人口的粮食需求？哪些因素可能会威胁当今大城市的粮食安全？我们可以为此做出怎样的准备？

思考：
观察你所在的城市，市场是否还是食物交换与公共生活的主要场所？今天的食物在城市中的流通渠道有何不同？对人们的公共生活和文化有何影响？

[1] 徐宏件. 论唐都长安的粮食供应 [D]. 西安：陕西师范大学, 2007.

3. 唐都长安的粮食安全

粮食供应是城市的生存命脉，都城的粮食安全直接关系到国家经济发展与社会稳定。唐都长安作为当时全国的政治、经济和文化中心，人口众多、机构庞杂，对粮食的需求量巨大。在当时的生产力条件下，如何保障首都的粮食安全呢？

首先，长安所在的关中平原土地肥沃，是都城粮食供应的主要来源。为保障粮食供应，国家大力发展关中地区经济，兴修水利，促进农业发展。其次，长安还依赖于华北、江淮等地粮食的输入。在唐中期，华北地区一年最多可供给长安粮食总需求的三分之一。[1] 安史之乱后，华北地区经济衰退、藩镇割据，输往长安的粮食急剧减少，江淮地区成为关外供给长安的主要粮食来源地。除此之外，国家还建立了诸多粮仓和运河保障城市的粮食安全。尽管如此，保障大规模城市的粮食安全始终都不是一件容易的事情。受到自然灾害和战争动乱等因素的影响，唐后期长安的粮食供需矛盾愈来愈严重，也成为政治不稳定的推动因素之一。

4. 作为食物集散地与城市公共空间的市场

除了食物供给之外，食物的交换、分配和消费也不断地塑造着城市空间和人们的公共生活，其中市场成为这一过程的集中体现。市场提供了独特的社会和文化生活，是城市和乡村的交汇处。意大利都灵的宫门市场（Porta Palazzo Market）可以说是西欧最大的露天市场，是都灵市本地人和移民的经济、社会和文化中心。像宫门市场这样的露天市场在欧洲已经存在了几个世纪，曾是人们购买食物的主要场所，你甚至可以从建筑物上嗅出食物和香料残留的气息。尽管它们的功能随着时间的推移而发生了变化，在战后超市逐渐取代传统市场成为购买食物的主要场所，但它们仍然是最受欢迎的城市空间。

隋唐时期，我国地方上的各类市场已经完备，与饮食相关的物品均可以通过购买完成。并且饮食行业形成了专业化、综合化、多样化和品牌化的特征，说明饮食的商品化在这一时期已经成熟。饮食所具备的社会性与象征性使得饮食活动成为这一时期上至帝王下至百姓经常使用的交往途径与解决问题的方式。

4.1.2 现代城市理论与食物规划

19世纪工业革命后，越来越多的人从乡村涌向日渐拥挤的城市，乡村发展停滞衰退，而城市被日益严重的污染、卫生和贫困问题困扰。一些规划师意识到了这种城市增长模式是不可持续的，开始重新思考城市与乡村的关系，其中以埃比尼泽·霍华德（Ebenezer Howard）、勒·柯布西耶（Le Corbusier）、弗兰克·劳埃德·赖特（Frank Lloyd Wright）和路德维希·希尔贝塞默（Ludwig Hilberseimer）的理论尤为著名。尽管彼时食物系统与规划的概念还没有出现，这些现代城市规划理论都不可避免地讨论了城市食物的生产、分配、消费和运输等方面，为我们思考今天的城市食物系统提供了参考。

1. 田园城市

英国城市规划师霍华德重新思考了传统城市–乡村的二元对立关系，并提出城市–乡村结合体作为第三个"磁极"。它可以同时具备城市和乡村的优点，例如优美的自然环境、可负担的房租、较好的工作机会和完备的卫生设施，并规避掉两者的缺点。他设想的田园城市是在6000英亩的土地上安置32000个居民，城市呈同心圆图案布置，设有开放空间、公园和六条120英尺（1英尺＝30.48厘米）宽的放射性林荫大道。田园城市能够满足自身的食物和经济需求，当它达到人口饱和时，就要在附近新建一座田园城市。同时，城市产生的废弃物将尽可能转换为肥料用于农业生产，形成良性的生态循环。

2. 光辉城市与光辉农业

现代主义建筑的代表人物勒·柯布西耶最著名的城市理念为光辉城市。在光辉城市中，柯布西耶将城市严格划分为隔离的工业区、商业区、娱乐区和住宅区。商业区位于中心，拥有单体式的巨型摩天大楼，每座都高达200米。所有住宅楼底层全部架空，屋顶也全都绿化。高速公路建造在5米高的空中，整个地面全部留给行人、绿地和沙滩。

在20世纪30年代后期，勒·柯布西耶渐渐意识到农业和乡村的重要性。1937年，

思考：
以下几种城市规划理论是如何思考食物与城市的关系的？有何共同点和不同点？你认为在今天的城市背景下这些理论是否可行？为什么？

左：田园城市平面图；
右：三磁极理论

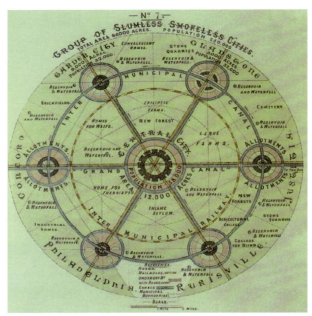

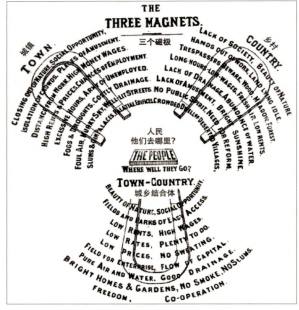

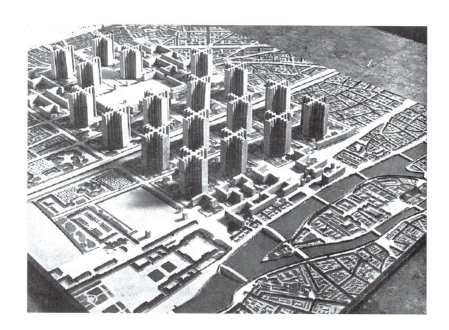

右：光辉城市模型

在勒·柯布西耶主导的第五届国际现代建筑协会 (CIAM) 会议上，他指出以往的城市规划都只是局限在城镇，而忽略了城市的基础——乡村与农业。这次会议将欧洲现代主义建筑师的关注点从城市大规模住宅转向了休闲、农业和乡村生活，换句话说，从"城市规划"转向了"区域规划"。他还与当时法国的农工团体合作，设计了光辉农业构想，用一条服务带串起独立住宅、农田和公共建筑。

3. 广亩城市

美国建筑师劳埃德·赖特在广亩城市中解体了传统集聚发展的城市形态，倡导高度分散的布局模式。城市中每个独户家庭拥有一英亩土地，生产供自己消费的食物。居民以汽车作为交通工具，公共设施沿着公路布置。广亩城市的居民居住在现代房屋中，享受着充足的自给花园和小型农场。住宅和景观穿插着轻工业、小型商业中心市场和民用建筑，当然还有无处不在的高速公路。广亩城市为在北美广阔的耕地平原上定居提出了一种本土有机模式。

下左：广亩城市模型；下右：新区域模式商业区和定居单元

广亩城市模型是对城市规划和设计领域的重大贡献，并对世界各地的城市发展产生了持久影响。

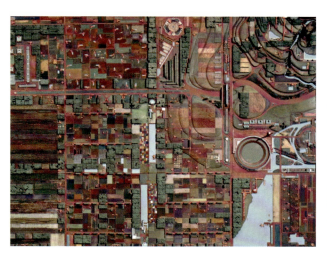

4. 新区域模式

20 世纪 40 年代，受到广亩城市和有机城市主义的影响，德国城市规划师路德维希·希尔贝塞默制定了他的新区域模式：基于区域高速公路和自然环境条件的低密度城市化战略，发表在 1949 年的《新区域模式：工业和花园、作坊和农场》上。新区域模式围绕交通和通信网络组织，在水平延展的土地上分布着住房、农场、轻工业、商业建筑和公共空间。该模式没有完全遵从抽象网格，而是受地形、水文等自然环境的影响，将基础设施系统与建筑景观结合起来，并利用环境条件产生了一种崭新的北美定居点类型。

4.1.3 当代可持续思潮

在 20 世纪 50 年代之后，食物与农业的议题渐渐淡出了城市规划者的讨论范围。直到 20 世纪 90 年代末 21 世纪初，对现代城市的反思和可持续议题的关注催生了都市农业、食物系统规划、食物都市主义等概念，引发了新一轮有关食物与城市关系的讨论，得到了各个领域前所未有的关注。

1.《世界粮食安全罗马宣言》

1996 年世界粮食首脑会议通过了《世界粮食安全罗马宣言》，面向包括城市居民在内的所有人，以城市层面的粮食安全为该宣言的核心部分。《世界粮食安全罗马宣言》重申人人有权获得符合充足食物权和人人免于饥饿的基本权利的安全和有营养的食物，首次鼓励在适当情况下发展城市农业。

2. 食物规划（Food Planning）

食物系统及其规划的研究为构建可持续城市或社区食物系统提供了理论、方法和依据。2005 年"食物规划"的研讨主题第一次出现在美国规划协会年会上，2007 年美国规划协会发布的《社区和区域食物规划指导方针》明确地提出："规划师应该通过自身的专业实践，增强传统规划与社区和区域食物系统规划这个新领域之间的联系，建立一个强大的、可持续的、更加自给自足的社区和区域食物系统，并为完善工业食物系统提出建议。"

食物规划有三个基本的议题：食物域、食物可得性和城市食物生产，从食物生产和消费的空间大数据出发，将食物系统与城市空间连接成点、线、网的结构，探索农业与土地、建筑和景观之间融合的可行性，实现农业空间与城市空间的渗透与交融。[1]

3. 都市农业（Urban Agriculture）

"都市农业"一词最早出现于 1996 年发表的《都市农业、食物、工作和可持续城市》一书中 [2]，启发了诸多建筑师和规划师在理论和实践方面对其进行扩充。联合国国际粮农组织将都市农业定义为：在城市或城市周边进行农业种植和家禽家畜养殖，为城市提供新鲜农产品，同时具有生态、社会、休闲娱乐等功能。从定义可以看出都市农业具有的三重属性，即环境、经济、社会属性。环境功能即完善城市的生态功能，减少食物里程，城市废物再利用；经济功能即生产农副产品，提供就业机会；社会功能即作为粮食供给的补充，缓解贫穷压力，提供休闲与教育等。常见的都市农业类型包括：农场公园、屋顶农场、社区园圃等，我们将在下一节结合实践案例继续探讨。

4. 食物都市主义 (Food Urbanism)

2011 年，国际景观设计师联盟 (IFLA) 将"食物都市主义"作为年度会议的研讨主题，食物都市主义正式成为推动城市可持续发展和城市食物安全的新理论。它将食

[1] 刘娟娟，李保峰，宁云飞，等 . 食物都市主义的概念、理论基础及策略体系 [J]. 规划师 ,2012,28(03):91-95.

[2] 郭华，王灵恩 . 国外食物系统研究综述及借鉴 [J]. 自然资源学报 ,2018,33(06):992-1002.

[1] CRAIG VERZONE, CRISTINA WOODS. Food Urbanism: Typologies, Strategies, Case Studies[M]. Boston: Birkhauser, 2021.

物作为一种基础设施来推动城市的发展、社会的公平、食物的自给和景观的多样性。食物都市主义考察食物与城市之间的复杂关系，研究如何将食物生产审慎地整合到城市设计和规划中，在高密度城市中实现一种新的空间品质，激发社区活力并改善生态性能。[1]

第二节
城市可持续食物变革与健康社区

近年来，越来越多的个人、组织和政府开始关注并参与到城市可持续食物系统的构建中，社区成为实践的主要阵地和试验田。本节从丰富的当代实践案例出发，进一步探索城市、社区与可持续食物系统的可能性。纵观世界范围内相关实践，主要集中在食物系统的三个环节：以都市农业为代表的食物生产；通过食物共享优化食物的再分配，减少食物浪费；以及优化食物空间布局、构建健康社区。

学习目的
a) 了解可持续食物系统在城市和社区的创新案例。
b) 理解城市食物浪费问题和其解决对策。

学习重点
a) 食物银行。
b) 社区食物地图。

教学方法
这一节鼓励学生与自身生活相结合，思考在城市与社区中可能出现的可持续食物变革行动。在社区食物地图板块，学生可以团队分工，对学校或家庭所在社区进行调研，构建食物地图。

思考：
你是否在城市中接触过食物生产？如果有的话是在哪些场所？
城市中开展食物种植可以带来怎样的好处？可能会遇到怎样的困难？

[1] CRAIG VERZONE,
CRISTINA WOODS. Food
Urbanism: Typologies,
Strategies, Case Studies[M].
Boston: Birkhauser, 2021.

4.2.1 可持续的城市食物生产

都市农业作为城市中可持续的食物生产活动，涵盖了不同尺度、类型和主体的一系列实践。在《食物都市主义》一书中，作者克雷格·韦尔佐内（Craig Verzone）和克里斯蒂娜·伍兹（Cristina Woods）将都市农业的实践从位置、种植者、动机、生产主体和规模五个维度进行分类，为研究和设计提供了全面的谱系。[1]

城市可种植食物的地块类型包括：城市农田、集合住宅、独栋住宅、阳台、屋顶、公园与花园、广场、运动场、水系、森林边缘、街道、铁路堤岸、工厂或铁路废弃厂址和空地。生产主体包括个体（如家庭种植者、环保积极人士）、团体（如社区种植者、教育组织）和专业种植者（如农业机构、垂直农场等）。激励这些种植者参与其中的动机包括：经济因素、环境保护、教育、美学、健康和个人成长等。都市农业的规模跨度很大，小至物体尺度（例如花坛），大到数十公顷的场地。

1. 柏林屋顶水生农场

德国柏林工业大学景观设计师格雷特·布尔高（Grit Burgow）在柏林发起了屋顶水生农场项目（Roof Water Farm），将废水处理技术与屋顶农场生产相结合，实现"城市闭环农业系统"。居民生活产生的废水和收集的雨水经由分散化处理后，原本富营养化的水成为可用的营养肥料，用于屋顶的水培和养耕共生系统。这样一来，不仅减少了建筑物废水的排放，居民还可以直接从屋顶收获新鲜的蔬菜和鱼类。

2. 上海四叶草堂社区花园

社区花园多位于城市住区、街道和闲置空地，以民众参与食物种植和景观营造为

柏林屋顶水生农场是对城市
农业和可持续食品生产领域
的一个重要贡献，并对世界
各地的城市农业和可持续食
品生产的发展产生了持久的
影响。该农场位于德国柏林
一栋建筑的屋顶上，使用鱼
菜共生技术在一个闭环系统
中种植各种作物，包括蔬菜、
草药和鱼类。这一设计有助
于提高人们对城市农业潜力
的认识，促进可持续食品生
产，并提高人们对城市农业
创新技术的兴趣。

主要特点，不仅可以成为都市食物的来源，更可以成为社区营造和构建健康社区的契
机。自 2014 年以来，上海四叶草堂青少年自然体验服务中心在上海高密度的中心城
区陆续建成了多个不同类型的社区花园。[1]

其中火车菜园将沿着老淞沪铁路的狭长区域通过场地整理、植被修复、雨水收集
净化、农作物种植、生态堆肥、蚯蚓塔等生态治理措施，改造为包含香草菜园区和食
物森林区等五个区域的生态活力场所。百草园将老旧小区中单调的中心绿地转化为居
民的公共客厅，为社区居民提供了日常休息、亲子互动、自然教育的场所。老人和小
孩作为志愿者也可以参与浇水施肥等活动，成为社区营造和花园管理的重要力量。

3. 纽约 596 英亩项目

596 英亩是一项在纽约公共闲置空地上见缝插针种植食物的公共项目。该项目组
织者建立了纽约布鲁克林区公共闲置土地的公开数据库和交互式地图，倡导公众自发
使用这些公共土地种植食物，把纽约城中曾经闭锁的空置地块创建为社区空间，"让
纽约城的土地活起来"。项目名称 "596 英亩"，代表纽约规划部门官方公布的布鲁
克林全部空置土地的面积。在 596 英亩项目中，大人儿童共同参加种植劳作，不仅促
进了城市食物系统可持续，也改变了人们对社区土地的态度，帮助人们在共享土地上
自行建立持续且充满活力的组织，推动自下而上的发展。

4. 瑞士农业城市公园

农业城市公园（Agropark）是农业和相关经济活动的空间集群，以生产和加工高
生产力的植物为基础。水、矿物质和气体形成闭环，通过处理废物和副产品将化石能
源的使用最小化。位于伯内克斯的农业城市公园（Agro-Urban Park）是瑞士第一个
该类型的公园，旨在保护和加强罗纳和埃尔河之间的大型绿色走廊，同时促进城市
的西部扩张。该公园的农场通过销售种植的农产品来促进日内瓦的农业。通过结合园
艺、树木栽培、休闲和社交生活的空间，促进生产者和消费者之间的相互理解和交流。
多样化的农业项目与多样化的公共娱乐项目相匹配，整个公园包含丰富的游戏场地、
教育空间和观景休闲场所。伯内克斯农业城市公园成为城市人口与农业部门相互作用
的试验田，为城市与农田的关系提供了一个新的视角。

[1] 刘悦来，范浩阳，魏闽，
等 . 从可食景观到活力社
区——四叶草堂上海社区
花园系列实践 [J]. 景观设计
学 ,2017,5(03):72-83.

5. 新型藻类城市园艺

随着食物系统和可持续城市的不断发展，微生物也渐渐得到了设计者和生物技术研究者的关注。英国一家从事建筑环境生物技术和设计创新的公司 ecoLogicStudio 开发了一种新形式的城市园艺原型，将微生物和数字建造结合，使得建筑物可以进行光合作用，生成氧气和生物质。

整个结构利用数字算法模拟珊瑚生长机制，3D 打印机以 400 微米的精度形成层状结构。光合蓝藻细菌通过生物凝胶培养基接种到单个三角形细胞或生物像素中，形成系统的生物智能单元。它们的新陈代谢由光合作用提供动力，将光照转化为实际的氧气和生物质。每个生物像素的密度值都经过数字计算，以便对光合生物进行最优化的排列，使其沿着构造表面不断生长。

生物数字雕塑

ecoLogicStudio 设计工作室是可持续设计领域的重要参与者，对可持续设计实践的发展以及建筑环境中生态与技术的整合产生了持久的影响。ecoLogicStudio 的历史背景可以追溯到人们对人类活动的环境影响和对更多可持续设计方案需求的日益认识。这种意识出现在 20 世纪末，由对气候变化、资源枯竭和生物多样性丧失的担忧所推动。该工作室的工作有助于提高人们对建筑环境影响的认识，促进可持续设计实践，并提高人们对设计中生态和技术整合的兴趣。

4.2.2 城市食物浪费与食物共享

1. 城市食物浪费问题

食物浪费日益成为一个全球性问题。联合国世界粮食计划署的报告指出：全球有三分之一的食物被损耗或浪费，这些食物足以养活 20 亿人。食物浪费不仅仅意味着食物本身的浪费，更意味着生产这些食物所投入的水、土地、能源和其他生产资料的无效消耗，以及由此导致的环境污染和温室气体的大量排放。

尽管食物的损失和浪费在食物系统的各个环节都有发生，在城市消费和零售环节的食物浪费问题尤为严重，也是每个公民直接参与的环节。由世界自然基金会（WWF）与中国科学院地理科学与资源研究所联合发布的《中国城市餐饮食物浪费报告》指出：随着我国经济快速发展和城市化不断推进，居民收入水平稳步提高，食物浪费问题日益凸显，在餐饮领域的食物浪费问题尤为突出。对四个城市（北京、上海、成都和拉萨）餐饮业调查的统计结果显示，人均食物浪费量约为每餐每人 93 克，浪费率为 12%。其中，大型餐馆、游客群体、中小学群体、公务聚餐等是餐饮食物浪费的"重灾区"。

减少食物浪费是联合国可持续发展目标第十二项"确保可持续消费和生产模式"的组成部分，具体目标规定：到 2030 年将食物浪费减半并减少整个供应链的食物损失。达成这一目标需要政府、企业、学校、非政府组织和个人的共同参与，通过完善食物浪费政策法规、开展粮食教育、树立正确消费观、建立厨余垃圾回收利用系统等手段发挥每一个主体的作用，为可持续的食物系统做贡献。

2. 城市食物共享：食物银行

食物银行是通过食物的再分配减少食物浪费，并帮助有需要的个人或团体的一项计划。全球首个食物银行于 1967 年创立于美国亚利桑那州，发展到今天已经有 20 多个国家拥有食物银行，它们共同构成全球食物银行网络。

食物银行的运作流程如下：生产制造商、零售商和经销商们为食物银行捐赠冗余的食物。这些食物是安全且可供食用的，但却因为临期、标签、包装错误、条码不完整、囤积过多等细微的问题导致失去了商业价值。食物银行对食物进行分类和存放，随后配送交付给育幼院、老人院等机构，由这些机构把食物发放到有需求的人手中。

近年来我国也出现了越来越多的相关组织。其中 PDT 食物小站是广州第一家食物银行，致力于搭建余量食物和城市饥饿的桥梁，让更多人实现温饱，让食物免于浪费。作为食物的中转站，PDT 食物小站将来自农场、超市、食品生产商的临期食物送达社区合作伙伴手中，再由他们传递给最有需要的人们。同时 PDT 食物小站也致力于食物教育与宣传，分享食物和营养知识，搭建食物银行志愿者平台，让更多人了解和帮助解决社会问题。

4.2.3 社区食物地图

有效获得健康食物是每一个公民的基本权利，食物源在空间上的分布决定了居民是否可以方便地获得营养丰富且负担得起的食物，这是建设健康社区和城市的关键。社区食物安全倡导社区的所有居民都能够通过一个可持续发展的食物系统获得安全、营养健康、观念上可接受、经济上可支付的食物供应，并且可以最大化体现社会公正和社区自我生存能力。

WWF 发布的《中国城市餐饮食物浪费报告》封面

思考：
在生活中你观察到的食物浪费发生在哪些场所？
你如何看待食物银行？
你还能想出哪些办法避免食物浪费？

1. 食物地图 (Food Map)

"食物地图",即食物来源在空间上的分布状况。"食物地图"的构建在一定程度上可以反映社区中的"食物源"类型的总体情况,以及各类"食物源"在社区中存在的数量、服务半径、与社区其他设施之间的关系等。

2. 食物可达性 (Food Accessibility)

食物可达性依据社区居民到不同食物源的距离和时间,计算出不同位置获取食物的难易程度,反映在地图上可以帮助管理者调整食物源分布结构,确保各个位置都有较好的可达性。

3. 食物沙漠 (Food Dessert)

食物沙漠是一个难以获得负担得起且营养丰富的食物的区域。食物沙漠往往居住着行动不便的低收入居民,这是一种对大型连锁超市吸引力较小的市场。食物沙漠往往缺乏新鲜食物的供应,例如肉类、水果和蔬菜,可获得的食物通常经过加工且糖分和脂肪含量很高,不利于身体健康。

【实践】构建社区食物地图

1. 活动目的
对所在社区的食物系统有更深入的了解。
将本章所学概念与真实的城市和社区相结合。
初步了解社区食物系统的分析方法。

2. 活动流程
(1)确定调研区域
选定学校或居住地周边适合调研的社区范围,以较为完整的社区区块为宜。

(2)分组调研
3~4人一组,对调研区域分组展开实地调研。调研内容包括:食物源的位置、类型、营业时间、价位、食物来源等;同时还可以对社区居民进行抽样采访,了解他们主要获取食物的方式、对社区食物系统有何建议等。

(3)成果汇总
实地调研结束后,各组将调研结果汇总到一张地图上,可以采用便利贴的方式将点位和具体情况标注在一张大的地图上。有条件的话可以在电脑软件中汇总调研信息,例如在 GIS(地理信息系统)软件中标明食物源相关信息。同时各组分享在调研过程中的感受和值得注意的现象。

(4)成果分析
在汇总信息的基础上,定性地分析社区整体食物源情况,哪些地区食物可达性较好,哪些地区可能是食物沙漠。有条件的话可以利用 GIS 建立分析模型,定量计算各个位置食物可达性,判断食物沙漠。

3. 活动反思
调研中忽视了哪些其他的食物来源?对社区食物系统有何影响?
分析所得结果与居民访谈结果是否吻合,如果有偏差可能是哪里出现问题?
基于调研结果,你认为可以如何优化该社区的食物系统?

对特定地点的食物地图和食物可及性分析的研究是一个重要的研究领域,对粮食安全、城市规划和发展更可持续,以及建立有弹性的食物系统具有重要意义。开发新的工具和方法来分析和绘制食物可及性,可以帮助确定获得健康和营养食物受限的地区,并可以为制定改善可及性的战略提供信息。

学生在社区菜市场调研照片,刘诗宇拍摄

上：花家地食物地图；下：
花家地食物可达性分析

在"食物图景"课程中，学
生对以中央美术学院为中心
的花家地周边社区进行了社
区食物地图的调研与构建。
通过实地走访当地超市、菜
市场、餐馆等食物源，以及
访谈居民和食物系统从业者，
学生绘制了花家地食物地图，
并利用 GIS 软件定量分析了
该社区的食物可达性，找出
了潜在的食物沙漠。

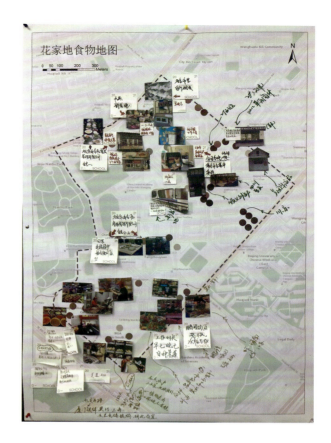

第三节
可持续食物设计场域
研究议题

在笔者的"食物图景"教学中，本章学习结束后学生需结合自己的项目选题，思考在不同尺度下应对危机的可能性。场域尺度包括：个人与家庭尺度、社区尺度、地区尺度与全球尺度。学生需根据自己的项目背景与目标，确定不同尺度的应对策略，并使之有机结合成为一个有效的响应系统。学生项目在空间尺度的响应涵盖家庭、社群、地域与系统。这里选取了四个不同尺度下的典型案例进行分析：在家庭尺度，梳理与拓展厨余垃圾再利用的可能性；在社群尺度，学生通过组织留学生社群的可参与性饮食体验塑造文化的共同体；在地区尺度，改善种植园的生产与贸易体系，实现多物种的平衡共生；在食物系统整体层面，通过对城市和工业体系的抽象提炼，用游戏的规则设计模拟城市食物系统的运行。

4.3.1 家庭尺度 – 厨余垃圾再利用（柳思缘）

该项目遵照循环设计理念，通过记录普通三口之家一周内丢弃的厨余垃圾总量和类型，建立针对食物浪费和厨余垃圾管理的特色数据库。进而利用实验探索未来家庭自制生物塑料的可能性，使得厨余垃圾的可持续处理方式更加详实和具体。

从整体上来看，减少前端家庭源产生的食物浪费和厨余垃圾，同时进行有效的垃圾分类和资源再利用，更加有利于温室气体减排和提升环境效益。因此，项目为消费者提供了垃圾处理全流程操作手册，来指导和帮助家庭减少资源浪费。该手册将展示蔬果被遗弃量的占比，同时为家庭提供菜谱及自制厨余垃圾生物塑料的指南。

通过对比可知，在受测家庭一周消耗的蔬果中，火龙果产生的厨余垃圾最多，青萝卜产生的厨余垃圾最少。经计算，12 种食物共产生厨余垃圾 682 克。由此可推测得出，三口之家在家做饭时一个月将会产生大约 2000 ～ 3000 克的厨余垃圾。

在将丢弃的废弃物数据可视化之前，大众从未意识到仅是厨余垃圾中的食物下脚料、瓜果皮等便可产生如此惊人的数量。单单是食品电子秤上的数字，就足以说明了一切。

既然有些蔬果的外皮或者烂叶已经无法食用，那我们应该如何去处理这些厨余垃圾呢？设计者给出的回答是：也许我们可以从食废弃物中提取生物塑料。

实际上，利用食物制成生物塑料的这种想法并不新鲜。近年来生物塑料的概念深受环保人士的欢迎，甚至互联网上流传着许多自制生物塑料的教学视频。但是我们要探索的问题是：如何将生物塑料与家庭厨余垃圾处理系统相结合。

导读：在食物图景课题研究中，设计者从食物浪费的全球现象入手，聚焦于食物浪费的家庭端。如何延长厨余垃圾的生命周期，以使其在更长的存续时间内发挥最大价值，是该问题的突破点和核心。

制作过程

[1] 一块南瓜
重量约147克
1.选择一块南瓜
2.将南瓜皮削下
3.洗净南瓜皮

[2] 南瓜皮
重量约23克
1.切碎
2.搅成泥
3.与100毫升水混合

[3] 混合物
重量约136克
1.将混合物倒入锅中
2.加入3克 卡拉胶和10
毫升甘油搅拌至溶解

[4] 混合物
重量约130克
1.倒入模具
2.静置10分钟
3.冷却后即可脱模

[1] 南瓜块
重量约400克
1.南瓜洗净外皮
2.挖出南瓜泥
3.放入破壁机里

[2] 牛奶
重量约200克
1.过滤粗渣
2.倒入牛奶
3.搅拌均匀

[3] 淡奶油
重量约50克
1.小火加热
2.至锅边缘冒小气泡
3.加入淡奶油

[4] 奶油南瓜汤
重量约650克
1.关火
2.搅拌均匀
3.奶油南瓜汤完成

03 南瓜

南瓜原产于美洲,已有9千年的栽培史,哥伦布将其带回欧洲,以后 被葡萄牙引种到日本、印尼、菲律宾等地,明代开始进入中国。南瓜传入中国有多条路径,但以广东、福建、浙江为最早。南瓜的优点非常明显,它产量大、易成活、营养丰富,荒年可以代粮,故又称"饭瓜""米瓜"等。

原产地

15% 南瓜皮被丢弃

生物塑料

南瓜皮方块
Jan5,2022·4:12PM

南瓜皮方块
Jan5,2022·4:12PM

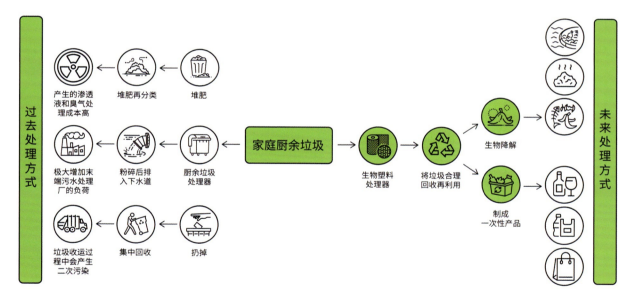

上：《家庭厨余垃圾浪费数据库》内页展示；下：过去与未来家庭厨余垃圾处理流程，柳思缘绘制

经过自制生物塑料的探索后,设计者证明了家庭自制生物塑料的可能,并推测未来将厨余垃圾制成生物塑料可能是未来处理方式的趋势之一。相比普通塑料,生物塑料具有一定的环境资源优势,未来在循环经济系统中可以发挥作用。与过去传统的厨余垃圾处理方式相比,生物塑料能有效地将垃圾合理回收再利用,并且处理过程中产生的二次污染更少。倘若将生物塑料制成产品,就能延长厨余垃圾的生命周期,在较长的存续时间内为我们提供最大的利用价值。

4.3.2 社区尺度 - 文化社群（裴炫珉）

设计师选择以帐篷定义的空间为活动场所，因为相比其他的空间符号，帐篷没有特别强烈的文化属性，可以带给留学生一种归属感，减弱文化上的排他性。

食物是文化的重要媒介，饭局之所以成为最经典的社交方式，是由于它既满足了身体需求，也满足了心理和文化需求。因此，设计师想在帐篷这一排除文化性的空间里，创造共享食物的亲密空间。

"我们一共有两个四川人和两个韩国人在帐篷里相遇，一起吃饭。第一顿饭在中国学生的主导下点了四种中餐。因为是韩国人第一次吃的食物，所以中国学生讲述了各种饮食的故事，并讲述了四川地区的特点。吃完饭，玩着游戏，气氛自然而然地缓和了下来。作为夜宵，我点了在中国有名的四种韩国料理。我们对不同文化中相互好奇的事情进行提问，成为形成关系的契机。"——参与者的叙述

上：《家庭厨余垃圾浪费数据库》内页展示；下："源楚：荆门的物产、农耕和文化"专题展览现场图

导读：基于对食物与文化的研究和对留学生身份认同的调研，设计师选择以一场参与式的活动打破文化隔阂，以食物建立人与人之间更加紧密的联系。

四川的气候怎样？

韩国的气候怎样？

四川菜和重庆菜有差别吗？

这火鸡面是正宗的吗？

韩国的炸鸡和中国的炸鸡不一样吗？

韩国的比较文化造成了什么？

韩国在什么情况下开始吃辣的？

中国能买到的韩国泡菜正宗吗？

四川人为什么喜欢吃辣？

这火鸡面是正宗的吗？

贫穷对中国饮食的影响有什么？

中国的菜怎么这么多样？

中国的家庭文化是什么样的？

听说重庆没有公共单车？

中国人为什么会吃牛蛙？

上：帐篷里聚餐活动，裴炫珉
拍摄；中：食物与文化话题；
下：活动纪录片，裴炫珉拍摄

4.3.3 地域尺度 – 种植与贸易（牟英洁）

自 1980 年以来，种植棕榈的土地使用量翻了两倍多。棕榈油一直是热带雨林被砍伐的重要驱动力，尤其是在东南亚地区。从下图可以看到大型种植园与私营小农在马来西亚和印度尼西亚半岛上的分布状况。圆点几乎密布整个东南亚地区，热带雨林面积不断被缩减。由于种植户的不合理扩张，采用刀耕火种的方式开采森林，也导致火灾频发。一系列连锁反应产生，森林被破坏，雨林调节气候能力减弱，泥炭资源暴露，火灾焚烧产生大量二氧化碳，恶性循环不断加剧。

进一步研究发现，抵制棕榈油并非是合理的解决措施，棕榈油在以下几个方面有着其他油类无法替代的价值，对于棕榈油的可持续性需要权衡利弊，综合判断。

1. 产量大与土地利用率极高

全世界约有 3.22 亿公顷土地用于种植油料作物。那是一个与印度大小相当的区域。全球抵制棕榈油是不现实的，因为人们无法抵抗高经济效益带来的诱惑。

2. 在工业生产方面很难被替代

对于大多数食品，替代品是可行的。但工业生产过程中的替代非常困难，特别是温带国家种植、生产的向日葵油或菜籽油不适用于肥皂、洗涤剂或化妆品等产品。

3. 生物燃料方面的突破口

欧洲国家应停止使用棕榈油作为生物燃料。欧盟仅次于中国和印度，是第三大棕榈油进口国。欧盟进口的棕榈油中有三分之二用于生物能源生产。棕榈油的温室气体排放量高于使用汽油，禁止将棕榈油用作生物燃料将减少温室气体排放量。

导读： 本项目进一步调研了棕榈种植园和当地生态环境的关系，以可视化方式呈现出来。

东南亚地区广泛的油棕榈种植对其环境和当地社区造成了很大的影响，该地区油棕榈种植地的研究获得了极大关注。油棕榈业与森林砍伐、生物多样性的丧失和原住民社区的迁移等问题有关。这项研究的结果可以为油棕榈种植园的发展和管理的决策提供信息，并帮助该行业以可持续和负责任的方式进行管理。

东南亚油棕种植场地研究，牟英洁绘制

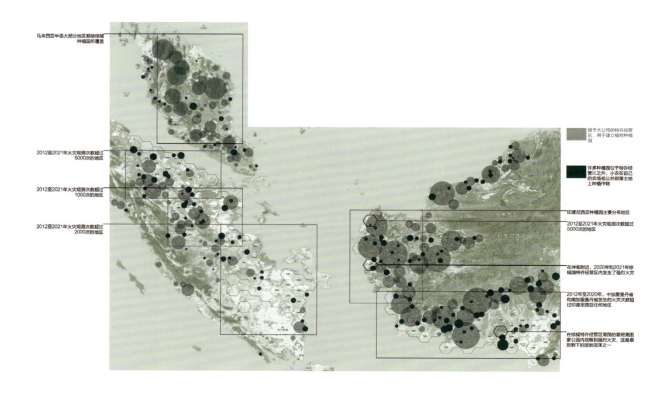

马来西亚半岛大部分地区都被棕榈种植园所覆盖

2012至2021年火灾观测次数超过5000次的地区

2012至2021年火灾观测次数超过1000次的地区

2012至2021年火灾观测次数超过2000次的地区

授予大公司的特许经营区，用于建立植物种植园

许多种植园位于特许经营区之外，小农在自己的农场或公共部落土地上种植作物

印度尼西亚种植园主要分布地区

2012至2021年火灾观测次数超过5000次的地区

在坤甸附近，2020年和2021年棕榈油特许经营区内发生了强烈火灾

2012至2020年，中加里曼丹省和南加里曼丹省发生的火灾次数超过印度尼西亚任何地区

在棕榈特许经营区周围的塞班国家公园内观察到强烈火灾，这是最后剩下的泥炭沼泽之一

上：2019 年从马来西亚和印度尼西亚出口的棕榈油流向；
下：棕榈油时空谱系图，牟英洁绘制

4.3.4 系统尺度 – 游戏与城市（刘铭）

导读：该项目试图着眼于整个食物系统的底层逻辑，尝试通过游戏设计来使人们更加清楚地认识和了解作为"系统"存在的食物体系。

作品开始于对建立在工业体系之上的食物体系的思考，以"未来的食物是否会不再大量地来自有机自然"为开端，并以这个问题深化挖掘，把其转化为"食物从哪来，到哪去？"这样的问题。在问题的背后，其实是关乎食物的体系与构建，因此设想能否通过设计一个游戏，来模拟和体验不同的食物体系。

作品将人类的生活空间模型概括成从中心发散开来的模型，把繁杂的交通概括为跨越每个区域之间的界线，将"时间"转化并抽象到玩家的每个回合中，同时，把人们所需要的一些主要营养简化并转化成可以被游戏量化的形式。整体上，从两个角度引导玩家进行游戏，一个是从天空俯瞰的宏观视角，一个是基于玩家个人和角色的微观视角。在宏观上，以平衡经济与污染这样整体命题来激发玩家思考，把"温饱"这样的重要且基础的问题作为整个游戏的背景配置给每个玩家。玩家既作为个人需要保证日常生活中的温饱，也作为食物系统的构建者，要建立起一个可行的食物体系。

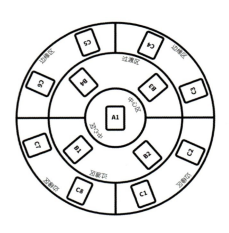

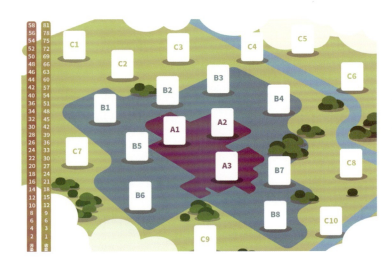

作品参考了食物生产来源以及食物在现实生活中会具有的真实影响，基于此设计他们在游戏中的属性，并在追求更加还原的基础上，加入了气候灾害和科学技术等内容。在这个作品中，所有的食物与其生产源头的数值设定，均参考了现实生活中该类食物的生产方式和源头的实际数据对于生态环境的影响。当然，关于这个作品更宏大的想法是不仅能够让人们收获关于食物的科普以及认识和体验到食物作为一个系统的存在，也能够在更加准确、更加定制化的情况下，协助诸如政府、企业等对象进行局部地区食物系统的结果模拟或者预先模型建立。

左：桌游地图设计逻辑；右：地图最终视觉呈现，刘铭绘制

游戏卡牌设计，刘铭绘制

使用游戏卡设计来模拟食品系统对设计者和政策制定者有重要意义。通过提供不同食物系统的优势和劣势的视觉表现，游戏卡设计可以为决策提供信息，促进食物系统的可持续和公平。此外，游戏卡设计可以用来教育和吸引公众了解食物系统的复杂性和相互关联性，并鼓励他们积极参与塑造食物系统的未来。游戏卡设计是设计师模拟和体验不同食物系统的优势和历史背景的重要工具。

游戏卡牌设计，刘铭绘制

第五章
可持续食物设计行动
远见与赋能

Flavedo | Carrageenan Kappa
橙子皮 | 卡拉胶生物皮革

Pomelo peel flesh | Carrageenan
柚子瓤 | 卡拉胶生物皮革

Flavedo | Carrageenan Kappa
橙子皮 | 卡拉胶生物皮革

Strawberry fruit | Carrageenan

Chestnut shells | Carrageenan
栗子壳 | 卡拉胶生物皮革

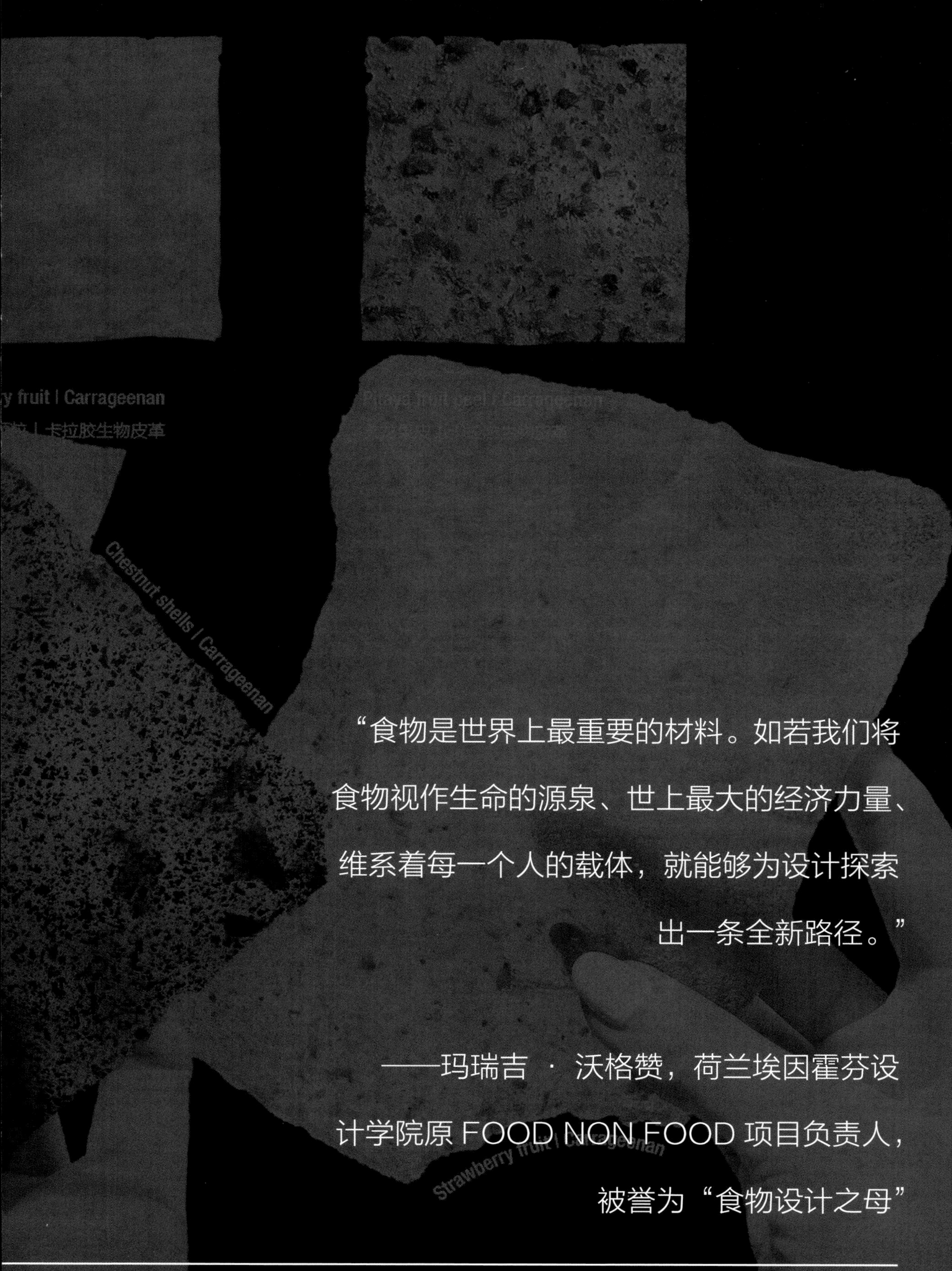

ry fruit | Carrageenan

卡拉胶生物皮革

Pitaya fruit peel | Carrageenan

Chestnut shells | Carrageenan

"食物是世界上最重要的材料。如若我们将
食物视作生命的源泉、世上最大的经济力量、
维系着每一个人的载体，就能够为设计探索
出一条全新路径。"

——玛瑞吉 · 沃格赞，荷兰埃因霍芬设
计学院原 FOOD NON FOOD 项目负责人，
被誉为"食物设计之母"

Strawberry fruit | Carrageenan

第一节
可持续食物设计研究前沿交流平台

作为一种特殊的知识生产形式，展览具有高度的前沿性、公众参与性和跨学科属性。食物设计领域知识维度广、迭代快，对于其相关展览的梳理和研究可以帮助我们更全面地把握这一领域在不同背景下的关注重点。本节通过回顾全球范围内食物设计经典展览，呈现出不同时代的多维度图景，为今天我们思考食物设计行动提供丰富的参考。

5.1.1 食物设计经典展览

1. 可食城市（The Edible City），2007

可食城市（The Edible City / De Eetbare Stad）于 2007 年在荷兰建筑学院博物馆（NAiM）展出，是最早将都市农业作为主题的展览之一。展览围绕食物的生产及其对建筑和城市化的影响展开，主要由两个部分组成：一个由汉斯·伊贝林斯（Hans Ibelings）策划，偏向技术方面的讨论，专注于涉及大规模生产食品的大型建筑项目；另一个由黛布拉·所罗门 (Debra Solomon) 策划，从文化角度关注草根运动和社区驱动的小规模粮食生产形式。

展览空间被设计为一个大型景观，有木制的摊位、桌子和盒子，穿插着拱门、藤架和温室。整个景观由种植的植物构成，所有植物都可以食用（水果、蔬菜等）。在展览过程中，这些植物不断生长，形成了一个壮丽的、带有热带风情的氛围。

2. 米兰世博会（EXPO Milan），2015

2015 年米兰世博会以"滋养地球，生命之源"为主题，话题首次聚焦食物，各个国家展示了提高粮食安全和创造未来食物的解决方案。展览设七个分主题：食品安全保障和质量科学、农产品供应链创新、农业和生物多样性技术、饮食教育、粮食团结合作、改善生活方式的食物以及世界文化和民族中的食物。

其中，中国国家馆以"希望的田野，生命的源泉"为主题，展现了从悠久的传统耕种历史到现代的农业物联网、食品追溯和膳食营养平衡等技术。德国馆展示了结合

学习目的
a) 了解全球范围内食物设计相关展览及其讨论话题。
b) 从策展和设计的角度出发思考食物设计研究与实践。

学习重点
食物设计展览案例。

教学方法
在学习过程中，可以邀请学生从本节展览中选出五个有所启发的项目或作品，分析设计者是从食物系统的哪一环节切入、解决了怎样的问题、有何值得借鉴之处或局限。

本节部分原文发表于《艺术与设计》2023 年 2 月刊。

气候保护、可持续采购、能源和营养的解决方案，如农业太阳能电池板，以及保护和促进生物多样性的项目，例如 Gatersleben 基因库。美国馆选取垂直花园作为最能代表美国食品 2.0 的特征，通过水耕法和水回收，其垂直花园培养了 40 多个品种的农作物。阿联酋展馆中一系列 48 个全息装置被分成 24 个立方体，突出了 12 个粮食挑战并提供了许多解决方案。例如，为了应对气候变化，国际生物农业中心正在研究能够抵抗阿联酋特有的盐碱条件的可食用植物。

3. 食物：盘中餐之外（FOOD: Bigger than the Plate），2019

展览"食物：盘中餐之外"由英国伦敦维多利亚和阿尔伯特博物馆举办。此次展览深入研究了食物的未来，探讨了作为消费者，我们如何能够做出更加可持续和负责任的食物选择。展览邀请艺术家、设计师和厨师合作，呈现了 70 余件当代作品，带领游客踏上从堆肥到餐桌的整个食物循环的感官之旅，旨在推动思考个人、社区和组织如何从根本上重新发明我们种植、分配和体验食物的方式。

展览分为四个策展部分："堆肥"（Compost）、"耕种"（Farming）、"贸易"（Trading）和"饮食"（Eating），从生产和废再利用，到种植食物，运输食物，再到最终生产出作为餐点的产品。

"堆肥"部分展示了通过营养闭环和改变我们对浪费的看法，来创建更具弹性的食品系统的各种项目，例如 GroCycle 在画廊中的城市蘑菇农场装置，通过使用废弃咖啡渣种植可食用的牡蛎蘑菇来展示循环经济的理念。"耕种"部分的项目旨在重塑

2015 米兰世博会展览现场

我们与生产食物的景观、生物和人的关系，着眼于创新的城市和开源的社会农业项目，并探索新技术如何改变我们种植和耕作的方式。"贸易"部分提出了有关购买、销售和运输食品的更透明和多样化的方式。"饮食"部分探索烹饪和饮食的乐趣，以及一顿饭如何在文化、社会和政治上联系我们，例如利用人类的细菌培养奶酪以探索我们对微生物世界的关系。

"食物：盘中餐之外"展览现场

4. 可食用的未来：未来食物（Edible Futures：Food for Tomorrow），2019

由荷兰食品与设计研究院（DIFD）举办的"可食用的未来：未来食物"展览跨越了艺术、设计和科学之间的边界，邀请世界各地的 13 位艺术家和食品设计师，着眼于食品设计的未来以及它如何影响我们与食物的关系，益于我们自己和地球的健康。

其中，奥地利跨学科工业设计师亚历山德拉·弗鲁斯托弗（Alexandra Fruhstorfer）的作品讨论了我们是否可以将入侵物种——在一个流动性越来越强的世界中对环境的威胁——变成商业上可行的食物，同时保护本地物种和环境稳定。沙基拉·贾萨特（Shaakira Jassat）从家乡开普敦的干旱情况出发，试图想象人们在干旱时期是如何忍受没有自来水的生活。在展览中，她的"茶滴"机器被设计为通过冷凝大气中的水蒸气来泡茶。

5. 里斯本建筑三年展（Lisbon Architecture Triennale），2019

里斯本建筑三年展主题为"农业和建筑：站在国家一边"（Agriculture and Architecture: Taking the Country's Side）。该展览回顾了当今世界面临的严峻环境困境，旨在引发对农业和建筑这两个学科之间紧密联系的反思，以及自工业革命以

思考：
如果由你来策划一场以食物设计为主题的展览，你会从哪些角度切入？会选择哪些作品展出呢？以个人或小组为单位完成一项食物设计展览策划提案（包括但不限于展览标题、主题阐释、参展作品、展陈空间设计、交互方式等）。

"可食用的未来：未来食物"
展览现场

该展览邀请观众重新思考食物的生产、分配和消费方式，并为食物的未来寻找新的解决方案。在人们越来越关注食品的未来和食品生产对环境影响的背景下，该展览的影响是巨大的。展览为设计师和研究人员提供了一个平台，展示他们对未来食品的创新解决方案，并讨论全球食品系统面临的挑战和机遇。

思考：
如果你是设计师，垃圾可以在你的设计中发挥什么作用？

来它们日益分离的问题。题为合作、协商、渗透和分离的四个愿景说明了农业与建筑之间未来关系的可能性。这四个愿景设想了在 21 世纪激烈的城市化、城市与乡村之间的逐渐隔离以及当前的环境危机之后可能的未来人类住区。如今，农业生态学和永续农业已经发展出可行的概念和策略，基于激进的能源和物质资源经济的后工业技术成为可能。展览指出，食物都市主义明确地指出了集体而非孤立主义的城市未来，并倡导粮食种植区域和城市定居区域之间的重叠，提高我们可持续共同生活的能力。

6. 垃圾时代：设计可以做什么（Waste Age: What Can Design Do），2021—2022

伦敦设计博物馆中的"垃圾时代：设计可以做什么"展览，讨论了如何通过设计重塑我们与垃圾的关系。展览通过 300 多件物品重新定义时尚、建筑、食品、电子、包装等，通过废物再设计创造更加循环的经济。展览分为三个单元：峰值废物（Peak Waste）、珍贵废物（Precious Waste）和后废物（Post Waste）。其中"后废物"主要指菌丝、稻壳、养鱼和农业废物等可以循环使用的材料，例如墨西哥设计师费尔南多·拉波塞（Fernando Laposse）的展出作品包含了利用龙舌兰酒酿酒厂遗留下来的龙舌兰叶制成的剑麻桌，以及用传统墨西哥玉米壳制成的新型单板材料。

5.1.2 主题讲座

在"食物图景"课程中，笔者邀请了多位食物领域的设计师与艺术家分享他们在创作过程中的思考。本章第三、四节收录了两场重要的讲座实录，分别由艺术家组合赵与林（Chow and Lin）和饮食设计师玛瑞吉·沃格赞（Marije Vogelzang）分享他们与食物相关的艺术创作。

1. 香蕉、鱼和一个馒头

讲座嘉宾：赵与林（Chow and Lin）

内容简介：赵与林是一对新加坡艺术家组合，他们使用统计学、数学和计算机技术来回应全球性的议题。他们的作品曾在 15 个国家展出，并被芝加哥当代摄影博物馆和中国中央美术学院美术馆收藏。在本次讲座中，赵与林分享了他们与食物议题密切相关的作品《贫困线》和《等值——鱼的生态足迹》，并深入剖析了作品背后的思考。（讲座实录见第三节）

2. 食物、设计与未来

讲座嘉宾：玛瑞吉·沃格赞（Marije Vogelzang）

内容简介：玛瑞吉·沃格赞是一名饮食设计师（Eating Designer），也是荷兰埃因霍芬设计学院前食物设计专业（FOOD NON FOOD）负责人。本次讲座主要围绕玛瑞吉·沃格赞多年来的设计项目，通过讨论食物的本质以及人类与食物的紧密关系，展现食物设计中颠覆性思维的力量。玛瑞吉·沃格赞相信感官是我们实现更可持续未来的关键，而食物和创造性思维可以弥合现在和未来之间的差距。（讲座实录见第四节）

上："香蕉、鱼和一个馒头"讲座介绍；下："食物、设计与未来"讲座介绍

第二节
可持续食物设计行动研究议题

学习目的
a) 了解不同尺度下的食物设计层级。
b) 学习多样性的研究方法与表现媒介。

学习重点
a) 项目研究方法。
b) 作品表现手法。

教学方法
教师可以引导学生从项目研究方法和表现手段的角度对本节的案例进行分析,从而对自己的作品有所启发。

思考:
以人工智能为代表的技术可以对食物系统与遗传资源有何启发?

在"食物图景"教学中,本章学习结束后,学生将针对定义的危机提出自己的创新性提案,该提案需考虑从 XS 尺度到 XL 尺度的不同层级,定位目标人群、所用技术、场所和媒介等。在这一环节着重锻炼的是学生将研究转化为设计的能力,学生可以结合自己的兴趣与优势选择相应的表达媒介和技术方法。

学生提出的解决方案具有丰富的多样性。针对各自关注问题的不同,选择的媒介涵盖景观设计、饮食体验设计、媒体表达、材料设计、游戏设计、生态培养设计与危机应对策略。项目中所涉及的技术方法包括:人工智能图像生成技术、藻类培养技术、有机面料合成技术、布景技术等。

本节选取了四个典型项目进行分析,分别是:拓展藻类作为缓解全球急性饥饿事件的方法,利用藻类的生长和营养特性,创建了从宏观地区到微观个体的不同层级的饥饿事件响应系统;对棕榈油相关生产和贸易系统进行可持续再设计,从生态意识、种植模式、贸易模型、景观设计的角度为更加可持续的棕榈油产业提供了切实的建议;针对气候变暖给粮食生产带来的危机,从基因多样性的角度为粮食安全的保障提供思路;从"颜色泄露"与食物浪费的角度展开对食物成为天然面料与染色剂的探索。

5.2.1 无尽的自然:为多样性设计(黎超群)

遗传资源的保护将是解决生产系统的可持续性、复原力和适应性的一个关键组成部分。它们使作物、牲畜、水生生物和林木具有承受各种恶劣条件的能力。1967 年,埃尔娜·贝内特和奥托·弗兰克尔等植物学家和遗传学家在历史性的国际作物植物会议上创造了"遗传资源"一词,并且对我们未来食物银行等机构的组织提供了重要的开拓性作用。

设计师选择机器学习的技术,从各地的植物博物馆、粮食机构网络公开资料中爬取的大致五百多种的粮食样本作为样本库,利用计算模型进行深度计算来产生变异之后新的植物模型。计算之后可以看到人工智能可以帮助粮食样本更好地展现不同品种之间的相关联性,并且矩阵的生成结果与多个输入数据的特征是有融合与重叠的。

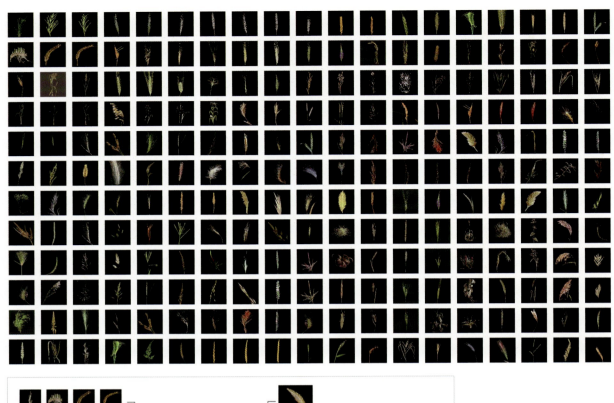

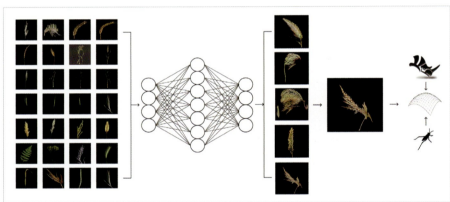

5.2.2 藻类作为解决饥饿的方法（檀松冶）

我们目前的食物体系完善么？是什么造成了世界饥饿？世界正处于"饥饿大流行"之中，冲突、病毒和气候危机有可能使数百万人陷入饥饿，饥饿越来越成为我们应该谈论的话题。我们如何寻找一种方法缓解地区饥饿事件，如何增加地区应对饥饿事件时的弹性？

ALGAE+ 从可食用微藻的角度出发，尝试以藻类作为营养补充剂，并与在地食物结合的方式缓解因气候、冲突、自然灾害等原因形成的急性饥饿事件，并提高地区应对急性饥饿事件时的弹性。

ALGAE+ 包含了从饥饿事件发生，到如何匹配藻类品种，到藻类如何渗透到地区，到如何培养并持续输出，最后到如何融入日常饮食等的整个环节和流程。

ALGAE+ 目前已经完成了关键环节的实验和尝试（包括藻类传播实验、藻类扩培实验、藻类食用实验）。

思考：有什么因素可能引发
区域性的饥饿？我们可以如
何应对？

饮食多样化：粮食作物的遗传多样性也有助于社区饮食多样化。

作物育种：遗传资源旨在推动开发具有改良性状的新品种作物育种计划。

遗传适应：可以选择和种植更能适应不断变化的气候条件的品种。

复原力和可持续性：利用多样化的遗传资源，建立具有复原力和可持续的农业系统。

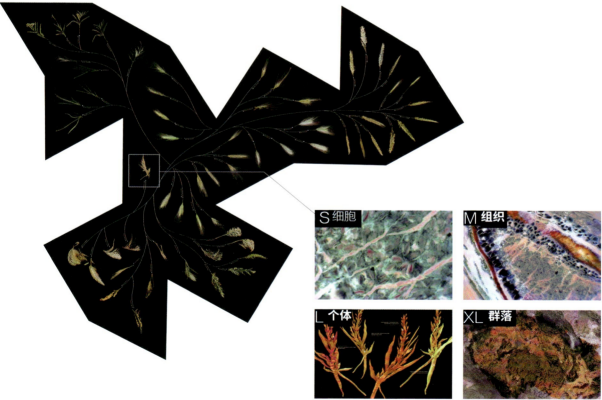

S 细胞

M 组织

L 个体

XL 群落

AI 生成的植物样本，黎超群绘制

项目分为宏观视角、在地传播、家庭为生产单位三个部分，对藻类世界分布、藻类收集培育中心覆盖、饥荒食物世界分布进行了研究。人们可以通过家庭为单位的中心扩散藻类运输包，来覆盖整个地区的饥饿人群，实现短时间内获得食物来源、缓解饥饿的目的。培养藻类需要用到容器、营养物质、光照等资源，这些根据在地的条件可以进行调整和变化。项目从几个方面进行藻类实验，设想藻类如何缓解世界饥饿事件。

1. 选择藻类的原因

相比其他种类的食物来源，藻类具有以下几个独特优势：营养均衡、占据更小的生产空间、不需要土地、养殖方便、可以涵盖绝大多数地区。

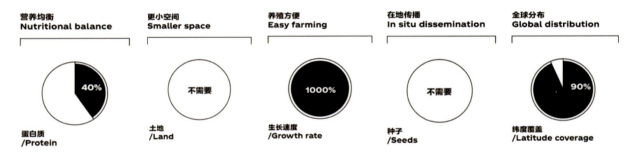

藻类优势，檀松冶绘制

2. 藻类分析图谱

设计师基于藻类和饥饿问题进行了研究，并绘制了一系列分析图谱。

世界饥荒食物地图收集了十余种在极端饥饿事件下，在世界不同地区的饥饿人群所食用的饥荒食物，有些甚至是不应该被食用的"食物"。

藻类分布地图中展示了世界上不同藻类品种所在的地理环境和位置，以及世界不同国家藻类培养中心的位置，以覆盖不同地区的饥饿人群。

藻类培养中心地图展示了不同国家和地区所拥有的藻类培养中心，以及他们所拥有的官方网站和藻类品种，假设了他们可以覆盖的饥饿地区以及周边可以服务的地区。

3. 藻类运输实验

使用简易和随手可得的材料以及藻类源，设计师进行了藻类运输包的小样搭建以及功能实验，用低成本的方式运输藻类源到达所需要的饥饿地区。藻类运输包的设计

世界饥荒食物地图，檀松冶绘制

由世界各地饥荒中的自发组织者开发的粮食地图可以成为解决粮食不安全和改善粮食获取的重要工具。这些地图是由社区和地方组织为应对粮食短缺和饥荒而绘制的，它们是跟踪和分配特定区域内粮食资源的一种方式。

模型包括了上端容器以及下端容器，上端容器主要包括培养基和营养液供给藻类所需要的营养以及快速扩培的微量元素，下端容器主要容纳浓缩藻类源。

4. 在地传播

从绿色部分的最开始获得藻类源的家庭出发进行多批次的藻类扩散在地传播，经过更多批次的扩散可以在当地传播到更多的饥饿家庭之中。利用 Agent base modeling 计算模拟藻类扩散的时间顺序以及扩散群体数量，进行计算机上的虚拟传播实验。

藻类运输包实验

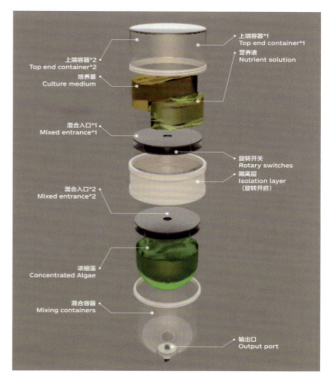

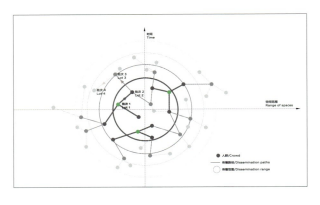
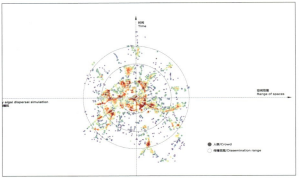

在地传播模拟，檀松冶绘制

5. 藻类培养实验

藻类培养实验共分为三个阶段，阶段一需要准备藻类容器，每个家庭既可以选择当地符合藻类生长条件的容器，也可以选择适合自己生产的容器；阶段二是选择光照条件，即选择附近环境中光照相对更充足的地方，放置容器可悬挂于窗台、衣架或放置于空地上；阶段三是与其他食物结合，选择在地资源更多的食物与藻类混合在一起食用以获得更均衡的营养。

在地培养流程可以分为以下几个步骤。

（1）获取

从藻类培养包或先批次培养单位获得藻类培养源，进行藻类移植，将藻类简单过滤即可进行二次播种。

在地培养实验流程，檀松冶绘制

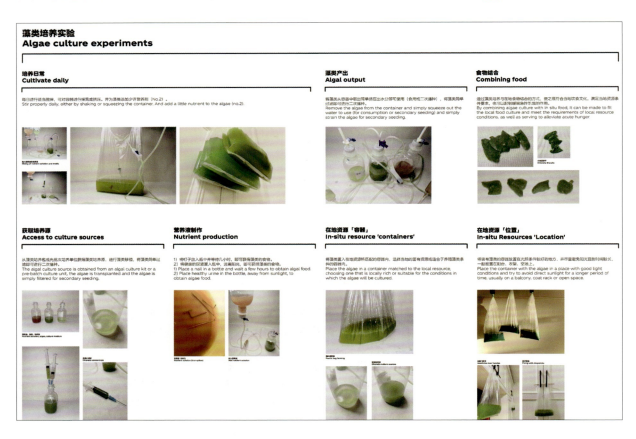

藻类培养实验
Algae culture experiments

培养日常
Cultivate daily

每日进行适当搅拌，可对容器进行摇晃或挤压。并为藻类添加少许营养剂（No.2）。
Stir properly daily, either by shaking or squeezing the container. And add a little nutrient to the algae (no.2).

藻类产出
Algal output

将藻类从容器中取出简单流压出水分部可使用（食用或二次播种），将藻类简单过滤即可进行二次播种。
Remove the algae from the container and simply squeeze out the water to use (for consumption or secondary seeding) and simply strain the algae for secondary seeding.

食物结合
Combining food

通过将藻类培养与在地食物结合的方式，使之既符合当地饮食文化，满足当地资源条件要求，也可以起到缓解急性饥饿的作用。
By combining algae culture with in situ food, it can be made to fit the local food culture and meet the requirements of local resource conditions, as well as serving to alleviate acute hunger.

获取培养源
Access to culture sources

从藻类培养包或先批次培养单位获得藻类培养源，进行藻类移植，将藻类简单过滤即可进行二次播种。
The algal culture source is obtained from an algal culture kit or a pre-batch culture unit, the algae is transplanted and the algae is simply filtered for secondary seeding.

营养液制作
Nutrient production

1）将钉子放入瓶中并等待几小时，即可获得藻类的食物。
2）将健康的尿液置入瓶中，远离阳光，即可获得藻类的食物。
1) Place a nail in a bottle and wait a few hours to obtain algal food.
2) Place healthy urine in the bottle, away from sunlight, to obtain algae food.

在地资源「容器」
In-situ resource 'containers'

将藻类置入在地资源匹配的容器内，选择当地的蓄有资源或适合于养殖藻类条件的容器内。
Place the algae in a container matched to the local resource, choosing one that is locally rich or suitable for the conditions in which the algae will be cultured.

在地资源「位置」
In-situ Resources 'Location'

将该有藻类的容器放置在光照条件较好的地方，并尽量避免阳光直射时间较长，一般置置在阳台、衣架、空地上。
Place the container with the algae in a place with good light conditions and try to avoid direct sunlight for a longer period of time, usually on a balcony, coat rack or open space.

（2）营养液制作

1）将钉子放入瓶中并等待几小时，即可获得藻类的食物。

2）将健康的尿液置入瓶中，远离阳光，即可获得藻类的食物。

（3）容器

将藻类置入在地资源所匹配的容器内，选择当地的富有资源或具备养殖藻类条件的容器。

（4）位置

将装有藻类的容器放置在光照条件较好的地方，并尽量避免阳光直射时间较长，一般放置在阳台、衣架或空地上。

（5）日常

每日进行适当搅拌，可对容器进行摇晃或挤压，并为藻类添加少许营养剂。

（6）产出

将藻类从容器中取出简单挤压出水分即可使用（食用或二次播种），将藻类简单过滤即可进行二次播种。

（7）结合

通过藻类培养与在地食物结合的方式，使之既符合当地饮食文化，满足当地资源条件要求，也可以起到缓解急性饥饿的作用。

食用藻类与其他在地食物结合的可能性，檀松冶绘制

当与其他原地食物，如农作物和动物相结合时，藻类可以提供更多样化和营养全面的食物来源，有助于解决饥饿和营养不良等问题。例如，水藻可以与农作物结合，提供蛋白质和微量营养素的来源，帮助补充农作物中的碳水化合物和维生素。

5.2.3 阿比鸠斯：面料烹饪艺术（吕思缇）

本项目旨在通过解决食物浪费问题增加社会弹性。设计师可以为代理人提供基础方法与能力支持。结合"颜色泄漏"（食物的染色）问题，作为一种隐喻提示，将天然色素引入面料指南中。

设计师将研究的过程进行了可视化表达，并收集厨余垃圾以及打折果蔬，在厨房烹饪、制作面料。经过二十多种材料的初步实验，通过制作指南书籍的方式以天然色素为开始，以寻求可替代的植物、动物纤维为过程，研究了食物面料的"纺纱""编织"工艺，缓解了食物浪费问题，为面料应用者提供了一种新的便利的就地取材的可能性，

气候货币计划—食物图景　Climate Currency Project: Vision of Food

Color as Burdening

也为缓解服装纺织产业链带来的生态危机提供了一种新途径。

如何构建一种新的变革性的工作方式？首先类比书籍《Textilepedia》，将研究的过程进行可视化表达，收集如同"棉花"作用的食物，如同"棉线"作用的植物纤维和如同"缝纫机"般的锅具器皿。利用厨余垃圾、打折果蔬，小到栗子的皮壳和橘子的橘络，大到柚子的皮与瓤或一整张鱼皮，寻找替代"聚酯纤维"的最佳方案。

经过二十多种材料的初步实验，在搅拌器和锅具烹煮之中，在晾晒、烘烤、烘干的等待之中，寻求最合适的时间与温度，制作出了颜色鲜艳丰富的新面料。类比编织与纺纱，设计师探究了新面料的连接形式、表达方式、应用场景，挑战了传统工艺的手工制作方法，使其更灵活多样化。

实验面料与色素展示，吕思缇拍摄

实验面料成果，吕思缇制作

5.2.4 棕"旅"（牟英洁）

在前期研究基础上，设计师基于环境现状提出缓解保护生物多样性与油棕种植园运营模式冲突的新方案。

1. 棕榈油场废水沉淀池与鸟类栖息地结合

沉淀池用于处理棕榈油厂的废水，为当地水鸟提供了良好的栖息地。此外，沼泽灌木和靠近池塘的草地也是水鸟经常出没的地方。因此，该设计建议积极管理这些池塘，监测出现的野生动物物种，以及尽量减少干扰。这可以显著增加废水沉淀池的价值，保护当地鸟类多样性。

2. 减少除草剂的运用以增加生物多样性

在印度尼西亚的一个种植园上进行的大规模生态实验测试了三种不同的林下处理方法。它表明，减少除草剂的使用，保留蕨类植物、矮生植物等附生植物，可以保护林下被多样性的同时不影响产量。

3. 建立棕榈油种植园区间的"廊桥"地带

PT Kayung Agro Lestari（或 PT KAL）是一家多元化农业综合企业运营的公司。五个 PT KAL 庄园位于印度尼西亚加里曼丹。在 PT KAL 的油棕榈树种植园之间有一条生态保护区，为当地野生动物提供了一条潜在的廊桥，重新生长的植被被猩猩等物种用来在两个森林区域之间移动。

构建丰富的林下植被，牟英洁绘制

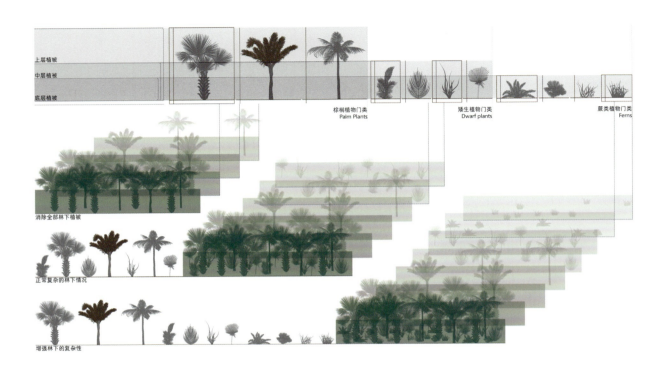

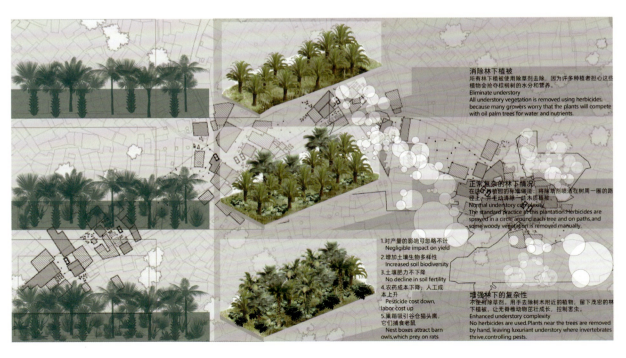

4. 可持续棕榈油指导手册

设计师编写了可持续棕榈油指导手册，从最开始的环节介入，可持续策略入手，希望吸纳更多的企业、新参与者、种植户和小农进来，实现绿色包容性增长和建设有弹性、健康的景观社区，使可持续棕榈油成为常态。这套指导原则是形成可持续棕榈油的基础，并致力于推动可持续棕榈油变革。指导手册也基于环境现状提出了保护生物多样性的新型种植园模式。

上：棕榈油种植园区间的"廊桥"地带示意图；下：可持续棕榈油指导手册，牟英洁绘制

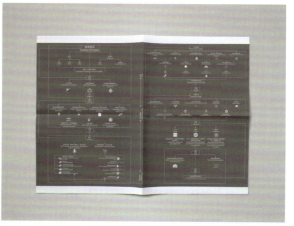

第三节
中央美术学院设计学院
气候货币计划课程讲座：
香蕉、鱼和一个馒头

5.3.1 讲座正文

（以下"赵"指代赵峰，"林"指代林惠义）

赵：2013 年的时候，我的一个作品在荷兰阿姆斯特丹的世界新闻大赛中赢得了一个奖项，我是新加坡、马来西亚第一位得到这个奖项的人。对我来讲，这就好像在摄影生涯里又登上了一个高峰。可是我去领奖的时候，发现有很多摄影师（创造作品时）都把自己的生命放在危险边缘上，去做了很危险的工作，比如拍战争、拍难民的世界。那时候才认识到，虽然赢了这个世界新闻奖，但还需要更多的学习。从此开始，我有了更强烈的求知、探索和实践的欲望。

林：大概在 2009 年间，我们一直在探讨我们所观察到的一些社会问题，这些问题跟我们去访问过的一些国家和环境也有关系。当时我们很好奇也很感兴趣的一个话题就是贫穷。我们想要用自己的一些手法、角度、知识去了解贫穷到底是什么。于是我们开始探讨这个问题，我从经济学、政策等方面去了解一些官方的定义跟政策。我们研究了很多与世界银行、经济学家所做的研究有关的文献。诸如世界银行这样的组织是怎样去定义贫困的，它们会有什么样的政策去完成扶贫的工作。

后来我发现世界银行和联合国对贫困线的定义针对的是极端贫困，从 1990 年每人每天大概 1 美元的水准开始，经过不断调整，到 2015 年，大约是每人每天 1.9 美元的水平。这些是全球化语境下的贫困，同时各国家、各地区也有自己的一个定义。在联合国的文件中有解释，其实各国家的贫困线是根据该国的经济社会体系制定的，它反映的是当地当时的情况，而且会分成绝对贫困、相对贫困的概念。《贫穷的本质》的作者是两位非常棒的经济学家，埃斯特·迪弗洛和阿比吉特·巴纳吉，他们也是一对夫妇，就职于美国麻省理工学院，2019 年获得了诺贝尔经济学奖。他们在很多发展中国家和贫困地区做了实地的考察研究，我们从中学到的一点是，可以去了解和评估贫困的人们每天做出的选择，贫困的人其实和你我一样，都会做出一些理性或非理性的决定，但贫困的人被困在一个每天都必须做出选择的状态中。比如说，某一天他

讲座嘉宾：赵与林（Chow and Lin），新加坡艺术家组合。

学术主持：宋协伟，中央美术学院设计学院院长。

学术召集：景斯阳，中央美术学院设计学院生态危机设计方向召集人。

讲座主持：刘诗宇，哈佛大学设计研究硕士，生态危机设计方向气候货币计划课程特聘教师。

有比以往多一点的收入，他可能不会多买一些基本的粮食，而是会为了宠自己的孩子去买一些糖果，或者是去消费质量更好的蛋白质，比如鱼，来享受一下，因为人都是有欲望的。

赵：其实在谈论这件事的时候，我们两个人的背景是很不一样的。但我们都尝到过贫困的滋味。身为摄影师，我也是深受前辈的感染，那时候，我非常喜欢伯恩特·贝歇尔和希拉·贝歇尔，他们是一对德国夫妇。在 20 世纪 70 年代的时候，他们拍摄了很多的水塔。大众观看这些作品时，会觉得这就是很正常的水塔，甚至会觉得，这些作品很闷，因为它的视觉感受就是如此。但其实这些作品的背后有很多思想、很多观点。更重要的是，为了拍这些照片，他们需要在一种天气非常平静、无云且几乎没有影子的情况下对水塔进行拍摄。当你从这样视角去看这些作品的时候，你能感受到艺术家用了非常严格的纪律去进行拍摄。我们觉得这非常有启发，于是，我们开始创作《贫困线》这个作品。

《贫困线》本身就只是想探讨一个问题——贫困到底是什么？还记得 2008 年的某一周，我从纽约去了印度加尔各答。很多人都会觉得，纽约十分光鲜亮丽，可以去华尔街、时代广场。可是我所看到的是，华尔街外面有很多穷人（原话使用了"穷人"一词，笔者认为可能不是指广义上的"穷人"，而是指流浪者，下文同）在乞讨，地铁是 24 小时运营着，所以三更半夜会有很多穷人在地铁站睡觉。

在印度的时候，我们发现那里的穷人很多，所以超市和商场的外面都有保安来禁止流浪汉入内。于是我们在想，如果你是穷人，很难分辨在加尔各答或者纽约哪一个地方会更好。

赵：在拍摄时，我们的背后有这样的一个理念：我们要在每个国家每个城市的当地拍摄，把拍摄的尺寸量好，灯光也用更加商业、方便的方式，食物要布置成能看出它数量的形式，放在报纸上。报纸也是我们在当地买的，展示我们所有的东西都是在同一个时间收集的，我们都是买当天的报纸。所以你看到每张照片的报纸的时候，就可以大概知道是在何时何地拍摄的。画面中所呈现出的食物数量就是我们要传达的视觉信息。这个作品已经做了 10 年，也跨过了 6 个大洲、36 个国家和区域。

为了呈现背后的想法我们也收集了非常多的资料，做久了，这件作品也开始以不同的展现方式去各地展出。我们多数做展览的时候，会把这个作品打印到 1∶1 的尺度。有趣的是，人们在看这个作品的时候，自然而然第一个反应是想去看报纸，看了报纸才会去看食物，最后再去关注食物量。今年我们做的一个展览将这个作品打印得更大，跟人差不多大。

林：早期，我们更多的是跟艺术界和摄影界做对谈与展示，后来被邀请做一些跨界的交流。2018 年，联合国邀请我们去泰国的会议中心，在亚太地区经济社会发展的会议上发表这个作品，并做展览，跟一些来自各个国家的扶贫工作者一起对谈交流。2019 年被邀请展示另外一个关于贫富差距和消费生活的作品，当时联合国前秘书长潘基文也在场参观。我们希望通过作品能够有更多跨界交流，因为从政治或经济学的背景来说，艺术反而变成了一种便于大家理解沟通的语言、一个很公开的平台，让我们有更多的机会去合作、探讨一些问题。这 10 多年我们也被不同国家的媒体报道。2019 年的时候有一些比较大的进展，我们在法国阿尔勒国际摄影节参加了 LUMA 基金会阿尔勒样书比赛，并获得了这个大奖，这也帮助我们进入下一个旅程——出一本书。

2020 年，我们也获得了一个德国柏林组织颁发的奖项。2021 年新加坡国立大学

《贫困线》，中国北京，2010 年 11 月，3.28 人民币（约 0.50 美元，0.41 欧元）

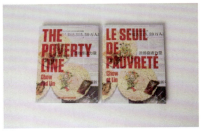

也给我们颁发了杰出校友奖。

　　这本书不只收集了我们这些年来拍摄的照片，也有很多我们在研究贫困线方面比较深入的信息。通过书籍，我们能够把这个作品发布在不同的平台上。2020 年 9 月份的时候，"New York Times"《纽约时报》把我们的书列为五大视觉书之一，纽约现代艺术博物馆 MoMA 也把它列为 2021 年十大摄影书之一。

　　我们从一些国家的案例中看到了食物系统有许多有趣的事情和问题。我们一共做了 30 多个国家案例的收集，发现不只是香蕉，其他的食物也有很多共性。多数的国家现在使用的品种是同一个品种，它占据全球生产量的 47%，在国际贸易上占了99%，所以食物的生产会受到贸易的影响。我们也了解到在不同的国家，食物与社会经济贸易体系之间的一些很有趣的事情。比如说美国，我们去当地的超市购买食品，发现加工食品非常普遍，本地人尤其是生活在中低阶层的人，可能每天接触的更多的是加工食品，这些食品并没有那么好的营养成分，但是从一个经济化、方便化的评价体系里面来看，这是大家每天都会选择的食物。

　　赵：2012 年我们去了巴西，我对当时的巴西印象很深。跟当地人聊天的时候，大家都认为巴西的经济非常景气，那时候的巴西已经开采到了很多石油，大家觉得它的经济将会一直增长。可那时候我们进行《贫困线》拍摄，感觉实地情况有点奇怪。我们算出一天一个生活在贫困线上的人的收入是 2.33 巴西雷亚尔 (BRL)。这个金额不多，就相当于坐一次大巴的费用。还有，我们去了那儿本地社区，这些社区表面上像北京胡同，但是它在山区上，比较乱，很多黑帮势力管控着这些地方，我们去这些菜市场买东西的时候，小区中小卖部的食物会更贵一些，因为它可能经过了小区跟黑社会提交保护费的中间过程。小卖部的食物的选择不多，又非常贵，所以我们得去超市买这些食品，可是距离超市有 45 分钟的车程，大巴要一个多小时，这个车程消费就等于一天的收入。所以在巴西，你会发现它的金融状况跟贫富本身的问题比我们想象中的多。

　　还有另外一个国家，埃塞俄比亚。那时候我们以 19.7 比尔去买食品，我们发现唯一能找到的"肉类食品"，就是 4 粒鸡蛋。当地食材是非常贵的。如果你要买鸡肉，在中国可以和菜市场的摊贩说只买一块鸡胸肉，但在埃塞俄比亚你只能买一整只鸡，一只活生生的鸡，从杀鸡到卖给你，已经是好几美金的价钱。我们那时候是去了 4 个

《贫困线》，美国纽约，2011
年 10 月，4.91 美元

非洲国家，其中我印象最深刻，食物选择最少的就是这个国家。

我们到不同的地方，都会跟当地的人交谈，如果我们有机会找到当地的专家或者在贫困地区的人，我们会对他们进行专访，也会和菜市场卖菜的摊主们交谈。2016年的时候我们去了缅甸拍摄，后来我们又去了越南的河内拍摄，相差一年时间，他们贫困线的标准相差不会太多，每次去到新的地方买食物，我的第一句话就是："这是当地的食物吗？这个是你们日常吃的食物吗？是在这里生产的吗？它的价格在这几年有没有一直增长？"我们一般认为，食物的价格会逐年增长，可是我们去到越南的时候，卖菜的阿姨就说这几年菜都变便宜了，我问为什么，她说这些东西都是中国进口的，因为中国进口，价钱变便宜了。逐年下降的价格从消费者的角度来看其实是非常好的事。

在缅甸，你可以看得出它的萝卜比较贵，它的苹果也很贵。他所有的食物都是在缅甸本地生产，价格反而还比较贵，那时候就觉得有点奇怪。

有张照片是我在柬埔寨菜市场买食物的样子，在当地人的帮助下，用当地日常的价格购买到不同食品，不然我自己去买的话，人家当我们是旅客。还有一张能够看到我在尼泊尔酒店房间拍摄的情况，基本上我们所有的作品都是在酒店房间里面拍摄的，我们没有摄影棚，所以就这样拍。还有一张是我们的女儿，那时候我们在挪威的奥斯隆做拍摄，可以看到我们就在一个厕所里面拍摄，因为酒店房间的空间不够大，我们

左：《贫困线》；右：《贫困线》
创作过程

的女儿也是多管闲事，拿这个土豆干扰我们的拍摄，可是回去看的时候还是蛮好玩的，蛮有意思的。

我也想让大家看一下当地的菜市场，感觉就不一样。大家就这么看的时候，会觉得就是一个普通的中国菜市场。我们录下了买菜时候的情况，它反映了实物经销的物流基础设施，以及到我们餐桌上或者是我们能够购买的一些渠道上的一整条链。以上就是我们在贫困线项目中学习到的一些东西，以及我们经历的一个过程。

我们接下来想要介绍的作品是《等值——鱼的生态足迹》，这个作品是我们在2017年的时候与绿色和平组织合作的一个项目。我们研究的是大黄鱼人工养殖的问题，大黄鱼是很多中国人餐桌上会吃到的一种鱼类，原本是大家一年吃一次的鱼，是很贵重的一种鱼，但是在20世纪七八十年代后，随着中国的经济发展，大家的消费能力也提高了，能够吃到更多的鱼和肉类食物，从那之后，经过大量的捕捞，海里大黄鱼的数量也慢慢地减少，需要用人工养殖的技术去养殖，以满足更多的消费需求。

大黄鱼是一种肉食性鱼类，所以它必须吃其他的小鱼才能够长大。图片展示的是它们吃的小鱼，在当时的海港那边，这些小鱼被称为垃圾鱼，因为它们本身没有商业的价值，不能够在市场里面卖，它是一些用于非商业或者商业的鱼种，所以我们了解了人工养殖对生态的影响是什么，我们从食物链来开始探讨这个问题。这样子的一个构图中间的那三条大黄鱼是在菜市场你能够买到的三条鱼，加起来是一公斤的重量，它们要长成这样大小的话，要吃掉周围这所有的4000多条小鱼，它构成了生命的一个链接。这个是我们做出来的主要的平面作品，也做了一个纪录片来解释整个故事。

中国人常用"年年有余"来寄托对美好生活的向往。大黄鱼是我从小到大最爱的海味，但是关于这种鱼有一个不得不说的故事。在福建最大的渔港——祥芝中心渔港，近千条渔船年复一年地忙碌着。祖祖辈辈说，善待海洋才能年年有鱼，然而近二三十年以来，严重超出负荷的过度捕捞，已经扭曲了海洋生命的自然轮回。最直接的表现就是打捞上来的成年大鱼越来越少，取而代之的是大量经济价值不高的小杂鱼，这些所谓的"垃圾鱼"中，其实有很大一部分是还来不及长到经济鱼的尺寸，它们生命的终点是被廉价出售，碾碎，匀浆制成饲料。为了获得尽可能高的利润，大多数鱼排的

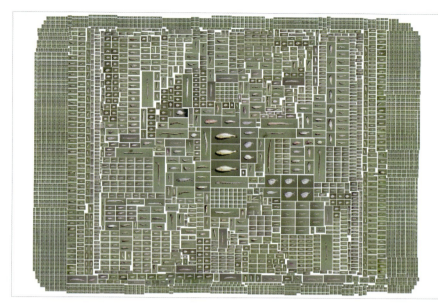

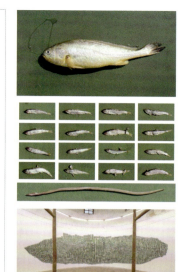

《等值——鱼的生态足迹》，
中国福建

养殖密度都超过负荷，导致鱼群发病率居高不下，这些都是大黄鱼养殖业一派繁荣表象之下的问题。中国野生大黄鱼濒临灭绝，人工养殖大黄鱼支撑起了食客对这一美味的市场需求。可是很少有人知道现有的大黄鱼养殖模式提前消耗了岌岌可危的海洋渔业资源。

　　我们在创作这个作品的时候与绿色和平组织一起合作，那时候在中国也引起了蛮大的反响，同时也在国际平台，比如米兰三年展呈现了这件作品。在展览的时候，我们希望以 1：1 的比例把它呈现出来。在连州国际摄影节做展览的时候，志愿者说有没有办法把 4000 张照片都放上去。因为一张照片的影响力不够，于是我们招募了好几个志愿者，用三天的时间终于做到了，效果非常震撼。

　　我们接下来的作品跟等值这个概念都有关系。我们用了日常的东西，用钱去做一个对比，然后再把钱抹去，让我们以视觉冲击力去感受物与物之间的对比。

　　所以其实等值背后的故事就很简单。还有一个作品是在日本东京的街上拍的，作品上面的是一根苹果数据线，它的单价跟 100 块方便面的总价是一样的。在纽约一个钱包的单价也是跟 100 个苹果的总价是一致的。其实背后反映的是，钱成为衡量社会

《拉面和手机充电线》，日本东京，2016 年
《馒头与口罩》，2020 年

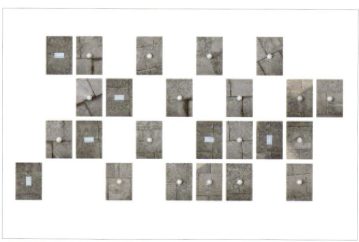

的载体，甚至衡量了人与人之间的价值偏差。在这几个作品中，我们选择了摄影作为创作方式。我们也在策划其他的创作方法，还没实现，但是构思里面已经有了这个想法。

5.3.2 问答部分

Q：我想问一下关于"大黄鱼"这个作品，有后续的影响或者反馈吗？

A：这个作品也有个视频，在网上发布后的前24个小时，被转发了好几次，观看量达到100万次，还是具有一定传播力。之后，通过绿色和平组织，也跟当地政府做了很多的对话，在近几年，当地的政府已经在做一些关于人工养殖的系统性的改良，比如说饲料鱼的来源和配方的调整等，还有一些政策方面的改变和试探。所以这个作品不能说仅仅是作为一个作品，更多的是去打破大家对于这个问题的一些认识，然后刺激个体能够参与这个问题的讨论，甚至着手去解决这个问题，去探索更多可行的方案，并在行业中推行。从公众、消费者的方面，这个作品能够去引导他们进行这样的一些思考。

Q：我想问一下"贫困"和你们的关系，为什么选择了"贫困"这个问题？

A：这个问题我们那时也在问自己，我们觉得自己之前不是艺术家。我们两个拥有不同背景，平时一直都有互相交谈，然后（我们意识到）我们都对贫困以及贫富差距感兴趣。在做这些作品之前，我们认为对贫困有一些认知。但后来我们研究的时候发现，其实我们对贫困这个现象的了解并不深入。我们就这样将这个作品做了好几年，后来才了解到如果要做一个作品，一个充满诗意的作品，自己不热爱它的话是没办法继续下去的。创作《贫困线》这个作品，我们走访了全球36个国家，全都是自费的，没有机构来赞助我们。但我们为什么有这么强烈的兴趣？后来我们发现，其实我们两个童年背景是相像的，我们身在不同的国家，我生于马来西亚而她生于新加坡，我们都出生在蛮富裕的家庭中，然后还没有到小学的时候，我们两人的家庭生意都出现危机了。所以在我们的成长经历中，接受教育的过程中，我们都经历了煎熬的日子。后来我们有了自己的机会出来干自己的事的时候，可能也就是通过缘分觉得，我们两个都经历过贫困的时期，所以对贫困的这个点感兴趣。我们为什么没有在作品中叙述这个背景，因为之前我们觉得这个故事不重要，不需要说，因为我们觉得这个故事跟作品没有关系。可是后来人家就觉得，你花了10年的时间，去了这么多国家，纯粹就是这样去做这个作品，背后一定有一个理由，我们就想到，可能这就是我们其中一个共同的出发点。

Q：你们好，关于《贫困线》的那个项目，你们去到了很多不同的国家、不同的地区，走访了很多贫困地区，拍摄了很多照片。那么这么多地区，他们的贫困现象有没有一些共同之处？是因为他们的生活习惯还是政府的政策造成了这样的现象？亦或是因为他们的贫穷，所以会制定某些政策，产生某些生活习惯？

A：我觉得读万卷书不如行万里路。年轻的时候我是背包客，那时候是去旅游。后来这10年做这个作品，其实就是去这些城市去探讨一个贫困线的状况。我觉得世界很复杂，很多社会有好的政府不会去珍惜，而不好的政策对平民百姓的影响很深远。

我去了一些国家，觉得它的资源是很足够的，人民也很聪明，很勤劳。可是教育、设施、政府之类都很一般。还有一些国家，物质富裕，社会和平，可是你跟当地的人交流的时候，往往都有不同的埋怨和不同的问题。所以我觉得，大国家有大国家的问题，小国家有小国家的问题。做了《贫困线》这个作品之后，发现世界是非常复杂的。我们在这之中学到一点，我们之前也说到的一个很有趣的点，就是贫困线本身不代表绝对贫困，很多人对贫穷没有清晰的概念。

记得我去美国拍《贫困线》的时候，有一次我去到了洛杉矶，那时候有人就跟我们说："哦，你要去看穷人，我知道在哪，你需要去穷街，就在洛杉矶的南部。"然后我和朋友就开车去了这条街。

我们即将要进入这个区域的时候，他就说我们要把车的窗户和门全部锁上。我们是晚上经过的，经过的时候你能看得到穷人，他们在公园里面拿着推车，超市的那种推车，他们所有的生活物品都在上面，他们走来走去，好像是喝醉酒了，或者是吸食了毒品，状态也非常不清醒。

那个时候就觉得这样的贫穷看起来确实是一个大问题，回到酒店后也觉得很不舒服。我立刻在网上查询这条街到底是怎么回事，发现有 7 万到 9 万人住在这个社区中。洛杉矶那时候是差不多 900 万人口，就当成 1000 万人口来算，那时候美国的贫困率是 25%，穷街有 7 万人，可是按照数学计算，洛杉矶的穷人，应该是 250 万人，其他的 240 多万人在哪里？我们发现尤其在发达国家，贫困不代表无家可归，不代表没有食物可以吃，而是你可能也有工作，有房子住，甚至可能有车，有教育，就是因为某种因素，使你陷入了贫困的状态。所以我们所学到是：贫困无法完全靠直观感觉得出。我们在做这个作品的很多时候，经常会感觉"贫困"这个状态本身可能是隐形的。

Q：你们做完这些作品之后的食物是如何处理的？

A：我觉得这是一个很好的问题，我们也想了很久。2010 年，我们在中国拍摄，那时候住的小区外面就有无家可归的人，所以处理食物还是蛮容易的，我们去找他们，然后就把这些食品交给他们。

后来我们去到别的国家，刚开始我们还是比较单纯的，觉得这些食物我们可以捐给食物银行，可是后来发现食物银行有自己的标准，不是说随便拿食物给它，它就能接受，因为对于它们来说，捐赠这些食物本身需要有包装，它需要知道你是谁，它需要知道原因，你不可以随便把这些食物带给它们。

后来我们发现了另外一个方法，如果我在当地有朋友的话，我就会问朋友，这些食物可以给谁，可以给哪些人。我们在马达加斯加的时候，车夫就说他知道一个贫困村庄，所以拍完了所有食物，我们开车一个小时，去了这个村庄，车夫大喊免费食物，整村的人就过来了。那时候我们的食物还不少，因为每个国家我们都买了差不多 50 ~ 100 种不同的食品，马达加斯加贫困线一天一个人是差不多 1 美元，我们就有 100 美元的食物可以捐助。我们在欧洲的时候是差不多 5 欧元，所以我们可以捐助大概 500 欧元的食品，还是挺多的。我们在几乎所有的城市都没有浪费食物，除了新鲜的海鲜以外，因为在经历两个小时左右的拍摄过程后，海鲜就不新鲜了，其余的食物我们都保证能不浪费就不浪费。

Q：你的作品都是用图像定制形成的画面，有一个整体的审美在里边，有一点像你的工作的方法，感觉很系统，想请您分享一下是怎么建构这样一个表达方式的？然后还有个问题就是关于你们的工作室，是如何养活自己的，因为面临毕业所以比较好奇，你们是如何发现自己的使命，并坚持下去的？谢谢。

A：我觉得我先答第一个问题，我们回过头来看伯恩特·贝歇尔和希拉·贝歇尔，我们会觉得他们的作品很简单。一般人去看他的作品的话，不会觉得他很起眼，它甚至没有一个亮点。我最喜欢的恰恰就是这个视觉感——你不会觉得它有一个亮点，它就是一个东西。然后这个东西看了一个没有意思，看了 10 个可能就有一点点的味道，看了 1000 个，你就会开始思考它背后到底是有什么根据什么原理。当然我们也不只是看他们的作品。如果我们只是讲一件小事，它可能不太能成立，可是如果你跨过了这么多国家，这么多年去看同样的这件小事的时候，你就会发现它背后的逻辑，这个观察与它的意义就开始变大了。

这也是跟我们学习登山的过程是有一点点相似的。登山从很多人的角度来讲是一种很极限的运动。身为一个登山者，从开始登山到登顶的动作是一模一样的，就是左脚放在右脚前面，右脚放在左脚前面，它就是一步一步来。很多电影把登山故事变得很有好莱坞性，雪崩啊，伤病啊，极端的气候啊。这些的确会有，可是我在登山的时候，每次登一个月到三个月的时间，其实整个过程就是一步一步来。

所以我们在做作品的时候，我们也是觉得不是在做一个短跑赛，我们是在做一个马拉松。为什么觉得它有趣？因为我们就是想探讨这件事，从视觉的角度来讲，那时候我们也不知道这是不是一个对的方向，可是做久了，人家就对我们这个作品开始有一些认可了，我们就觉得，好吧，我们再继续下去吧。

第二个问题，做艺术的话，还是得跟生活达到一个平衡。能够拥有平衡的话，我们也可以更有力量、更有创意、更自由地去做艺术。我们两人其实也有自己的专业，我也从事市场研究咨询，赵峰也从事商业摄影。我们会合作做出这些艺术作品，这是我们达成的平衡。大家都有自己的方法去做到生活、艺术与创作的一个平衡。

Q：两位艺术家好。我们对于治安环境的治理和保护，往往是基于大量的资金、人力、物力的投入，然而贫困地区对于环境的依赖度更高，对于环境的破坏程度也不容忽视。比如说像孟加拉国发生过世界上最大规模的水污染中毒事件，追根溯源，其实是因为一开始的工业污染对他们原有水源的破坏，造成了他们必须要饮用地下水，但是地下水（污染）又造成大规模的人口中毒。对当地的这些贫困人群带来了巨大的伤害，而且无数这样的贫困家庭，陷入了我们所说的贫困陷阱，同时也使该地区陷入了一个环境和贫困相关联的死循环。

我想问的是如何呼吁大家关注这样的贫困地区的环境问题呢？艺术家、设计师能够如何介入这种困境，该从怎样的角度切入？

A：参与这个问题以及去推动这个问题解决，需要多方共同的协作和努力。需要涉及政府方面的资源，也会涉及国际组织。借助这些资源和一些方案，去多方面地和当地人、机构合作。那么在这样的一个系统里，作为艺术家、设计师，我觉得需要把艺术本身看待为文化的一个很重要的部分，它是一种能够打动人心的力量。我们能够让外界的人去关注这个问题，能够帮助更多方面的一些资源和援助着手去解决这个问题，能够让我们对自己本身的一些社区跟环境相关的问题有更深的认知感。所以我觉得艺术有一个很重要的角色，就是去呼唤大家，去了解问题，去促使思考，打动大家。

Q：你们在创作《等值》这件作品的时候，想到的是以价值比较高的东西作为中心，然后联系起这样的一组作品。那它们除了在价格方面外，在别的方面也是等值的吗？你们是如何界定"等值"的？

A：我们的出发点很简单，就是从一个价格体系，金融体系来看，它们是等值的一个关系，如果我们把钱取出来的话，它们存在什么关系？我们现在生活的各种方面的需求，能够用这些物品来满足，可能它们之间没有直接的一个关系，但是与我们如何使用它，如何评价它，评估它的价值有一定的联系，所以它们与我们的生活方式是有关系。在现代城市生活中，数据线我不能没有，因为没有了它我就没法使用通信工具，没有沟通的工具，我可能就没有就业的机会，同时我也得满足自己最基本的生存需求，用食物满足。所以在现实生活中，我们有很多复杂的需求。我们能不能再去重新思考一下我们的这些需求，哪一些是真正需要的，它们哪些方面是功能性的需求，哪一些是情感需求。当然，我们知道不能完全没有某一方面，但是希望我们能够思考、区分真正的需求和欲望。

Q：关于《贫困线》这个作品，两位都是出生于比较精英的家庭，在做这个作品的过程中，会不会有出于身份上的一种，居高临下式的看法？

A：我们其实也不算是精英家庭。虽然教育方面，我们也是上了大学，但是在新加坡的社会中，我们算是中层阶层的社会身份，我们两人的家庭，都经历过一些比较困难的时期。但是通过这个作品，我们发现给不同的观众看，都能引起他好奇和兴趣。比如说我们在印度的时候，在当地，我们住宿的管家，他来自于农村，他十多岁进了城市，在德里做管家，他的收入是不高的。我们叫他帮忙去当地的菜市场购买食品的时候，解释给他这个项目，他也觉得这个项目很有趣，后来我们从菜市场回来，他也很好奇地问我们还在哪些国家进行了这个项目。我们跟他说在欧洲也做了这个项目的时候，他就问我们有没有拍过瑞士的食物。我们给他看瑞士的案例，他的反应是瑞士不应该有贫困的人群，瑞士应该是一个很完美的社会。在印度的电影里面，瑞士永远是一个雪山非常漂亮的完美国家，人民安居乐业，欢唱起舞什么的，就是一个很完美的天堂，所以他想象不到瑞士这么一个完美、富有的国家也有贫困的现象。当他看了瑞士的案例之后，他陷入深思，后来也反映给我们，他觉得瑞士的穷人也过得不容易。从类似于他从食品引起同感的一些反馈，从社会的不同阶层都能够触摸到的食品，知道食物的价值是什么、功能是什么的时候，食物就变成了一个共同的语言。所以其实我们是发觉到了共性，由此探讨这些比较复杂的社会问题。

（内容整理：刘铭、吴雯萱）

第四节
中央美术学院设计学院气候货币计划课程讲座：食物、设计与未来

5.4.1 讲座正文

　　我非常高兴能和大家去分享与食物设计有关的一些事情。因为当我们谈及设计这件事的时候，我们都是以"人"为主体和视角，而忽略了"吃"或者食物作为一种被设计的对象的可能性。当我们去做设计的时候，我们往往想到的是非常坚固或者是非常物质性的东西。但我相信，当你从动词的角度看待设计问题时，你不会说我要做一把椅子，而是去想从"坐"这样一个动词的角度出发。所以当在食物的领域，比起设计食物的本身，我们需要去想的是设计师要从"吃"这样一个动词出发去做设计。

　　在 1999 年，我还是一个学生的时候就开始做跟食物有关的设计。据我所知，当时世界上还没有任何人做与食物设计相关的事情，所以我真的不知道我正在做什么。但是人们将我称为食物设计师，我觉得这听起来不太对，因为我并不是真的在设计食物。我认为食物已经被大自然完美地设计过了，我只是对"吃"这个动词更感兴趣。

　　当你去想到"吃"的各个方面时，你所关注的东西就不仅仅是在这个盘子以内了，它不只是盘子以内的一个食物，而是会连接到更多的东西。例如，它可以是关于生态学的，也可以是关于身份的；它可以是关于食物记忆的，也可以是关于吃的感官愉悦。如此，你便会被带到一个更加广阔的范围之中。

　　你们是否问过自己到底什么是食物？一个东西在什么时候才是食物？我认为这是一个非常关键的问题。如果让你想象一下，在花园里种植或者是在农场里面耕作，你会自然而然地想象到它是一种食物，因为你会知道它可能会从农场收获，然后进入到超市，再到一间餐厅；或者如果你是一个厨师，你会去烹饪它，最终吃掉它。但是在很多情况下，这个食物是并没有被人们吃掉，而是直接进到了食物垃圾这样一个行列中。那么在这种情况下，它还是食物，却直接变成了垃圾。

　　并且有些食物虽然是被农民种植的，但它们会被放在餐厅里用来做装饰，你不会把它们视为食物。或者是你在这个街道上看到两旁的用作装饰的一系列的景观植物，它们或许可以吃的，但是你平常并不把它们视为食物，直到有一天你真正地在这个餐桌上遇到它们的时候，你才会把它们作为食物来看待。所以一个东西什么时候才会被认为是食物？在我看来，只有当我们讨论人类的食物的时候，只有它被放进我们人

讲座嘉宾：玛瑞吉·沃格赞（Marije Vogelzang），饮食设计师，埃因霍芬设计学院前食物设计专业（FOOD NON FOOD）负责人。

学术主持：宋协伟，中央美术学院设计学院院长。

学术召集：景斯阳，中央美术学院设计学院生态危机设计方向召集人。

讲座主持：刘诗宇，哈佛大学设计研究硕士，生态危机设计方向气候货币计划课程特聘教师。

类的嘴巴的那一刻，它才被认为是食物，不然的话它可能就会被认为是垃圾或者是装饰，或者就仅仅只是一种植物。

我之所以觉得这很重要，是因为如果你意识到食物只有在你吃的时候才是食物，那就意味着食物总是和吃东西的人有关系，所以食物本身是深深地和人类"吃"这样一个动作联系在一起的。无论是你吃它或是思考它，或者是有在吃的过程中的感官体验等，这一系列其实是构成了食物的核心，就是与人之间"吃"的这样一种关系。如果你是一个与食物打交道的设计师，而不去考虑吃东西的人，那么你就错过了食物的灵魂。

所以当你吃生食的时候，它就仅仅是动物或者是植物，而不是与人之间的关系。接下来我会分享在过去 20 年的职业生涯之中所做的一些项目，通过这些项目大家可以去看到吃东西的人，和食物之间的关系是如何发生作用的。当我从埃因霍芬设计学院毕业之后，我开了两家餐厅，餐厅同时也是我的工作坊和实验室。我会做很多的晚宴，在这些过程中我也会去试验很多种不同的关系，因为我发现在晚餐之中其实存在一个微缩型的社会，人们会在其中有很多不同层级的社交关系。在欧洲，人们庆祝圣诞节的方式非常典型，他们有一套非常完美的装饰方案。但作为一个设计师，我认为圣诞节的本质是在一起分享食物，所有的装饰和陈词滥调都是不必要的。随后我被邀请为 40 个陌生人设计一场圣诞节晚宴。我把原本应当铺在这个桌子上的桌布，完全悬空了起来，并在上面撕了很多条缝。这是我对于整个晚餐设计唯一做的干预，而不是去使用那些俗套的装饰。

我做这样的一种操作，其实有三个原因。

第一个原因是人们在这个布的作用下，只有头和手是可以接入到餐桌的空间里，那么你的衣服、你的身份会被隐藏掉，所以我创造了一种更加去身份、更加平等的氛围。

第二个原因是在这个布的作用下，人们的身体在物理上是互相连接起来的，因为一旦一个人有所动作，这个布就会发生反应，让另外一个人感觉到，所以人们在身体上的连接性会更加的强。

第三个原因是 40 个完全不认识的陌生人，放在这样一个比较奇怪的处境之中的时候，他们会更愿意开始去交谈，然后产生一种人们之间的互动。

我后来在东京也重复了这样一种晚餐的实验，我发现虽然人们在进入到这个空间的时候举止行为仍然非常正式，但从他们把头从布里面穿出来的那一瞬间开始，人们原来戴在身上的面罩就被揭下了，然后就开始进入到一种全新的状态之中。

你可以看到食物本身是经过精心设计的，这个女士以及她同一侧的参与者得到的是被切开"的盘子，里面装着哈密瓜，而他们对面的人得到的是同样两瓣"被切开"的盘子，但是盘子里放的是火腿。火腿和哈密瓜其实是一种经典的意大利菜的组合，所以当你这样呈现给食客的时候，你不需要给他们任何的指示，人们会自然而然与对面的人分享食物，尤其是当这个盘子看起来是"被切开"成两半的时候，人们便会去分享，然后得到一人一半瓜、一人一半火腿，共同享用这样一款经典的意大利菜。

《共享晚餐》，玛瑞吉·沃格赞

这个主菜也是同样的设计原则，其中的一个人得到的是一块很大的面包，第二个人得到的是一块很大的南瓜，而且是瓤和皮都是在一起的。第三个人得到的是非常原始的一大桶生菜，然后第四个人得到的是土豆。在这样的一个过程中，因为人是一种社会性的动物，他们会自然而然地互相分享自己的食物，去创造一种属于自己的晚餐。

对于亚洲人来说，可能分享食物是件很常见的事情，但是对于欧洲人来说，其实大家会更熟悉的是自己吃自己的这样一种情况。所以当你得到了一块很大的远远超出你个人份量的一块面包的时候，你自然地会要去与别人分享，把它切开，然后这样就会创造一种虽然可能有点混乱，但是非常有趣的社交体验。

除了做这个跟晚宴有关的项目，我也会做一些更具艺术性的项目。这个项目是与荷兰鹿特丹的历史博物馆合作的。鹿特丹在二战结束的时候遭到了非常严重的轰炸，在这个轰炸结束的时候出现了一段叫作"饥饿冬天"的时期，在这个过程中由于缺少食物，很多人死于饥饿，所以历史博物馆想邀请我来做一个关于这件事情的展览，用一种可以食用的方式去带大家了解这段历史。

所以我就去到当地的博物馆，去得到了很多当时人们的原始食谱，也就是在这样一种极端饥

《共享晚餐》，玛瑞吉·沃格赞

《黑色纸屑》，玛瑞吉·沃格赞

饿的条件下，人们是如何去吃这些食物。其中有一些现在人们不会吃的东西，比如说郁金香等一系列的食物，我很好奇当时人们吃的这些食物是什么味道的，所以我就在这个新的博物馆里面去做了这样一个艺术品，每一块食物都是按照当时的食谱做的，并且是做成了一口能吃完这样的一个份额。

当人们去进入到这个博物馆的时候，他会得到一系列的食物券，就像在战争时期，人们也会得到这个分配好的食物券，然后拿着这个券，你可以在这个博物馆里得到一小杯咖啡，还可以去吃这些特别的食物。

我这样做是因为我对这种食物很好奇，同时也因为我想让年轻人体验这种食物。我的本意是想让年轻人去了解到那一段历史，但是令我没有想到的是，参观这个博物馆的很多人都是当时战争时期的儿童。于是当他们这群人吃到这些食物的时候，食物通过口腔到达了它们的腹部，同时食物也"进入"了他们的大脑，打开了他们携带了 65 年的记忆之锁。现在他们突然记起了他们当时在厨房里，他们的兄弟姐妹还活着，他们的父母也还活着。所有这些回忆可能很痛苦，但也很美好。而仅仅通过吃这些食物，它们就能找回这种记忆。

在那之后，我做了很多尝试用食物让人们找回记忆的项目，特别是和老年人一起工作。当你用食物去建立和记忆的连接的时候，这些记忆突然就变得可触摸起来。所以我希望用食物去唤醒人们各种各样的记忆，这是非常独特的一种体验。我认为在所有的设计之中没有一种材料像食物一样如此的与人亲密，又可以去唤醒如此多情绪化的反应。所以食物是特别的一种类似像魔法一样的材料。

照片中是我的女儿 3 岁的时候，她现在已经 17 岁了。

在她 3 岁的时候，我一旦把她放到这个餐桌上，她就开始一种类似抵抗的表演，她会对所有蔬菜有一种天然的抵抗，会马上从一个可爱的小女孩变成一个紧闭嘴巴、充满敌意的一个状态。而且她也知道这样做的时候，她的妈妈会用一种非常有趣的方式来回应她，所以在这个情况下，这个小女孩就成为餐桌上一种控制整个场景的角色。

所以我觉得我必须要去做一些改变了。

首先在我的小女儿的眼中，坐在这个晚餐桌旁和拒绝吃蔬菜已经构成了一种强烈的联系。紧接着我读到一项研究，孩子们需要品尝 7 次才能接受一种新的口味。就像学习一门新语言一样，你要重复，重复，再重复。所以我需要找到一个解决方案。

我邀请女儿在日托班里的所有同学到我的工作室。工作室有一张巨大的桌子，上面都放满了不同的蔬菜，我和小朋友们说，我们要做一个珠宝制作的工作坊，叫作闪闪发光的蔬菜，他们拥有的工具就是需要用自己的牙齿来去塑造这些不同的蔬菜，将它们做成"珠宝"。

《亮闪闪的蔬菜》，玛瑞吉·沃格赞

《亮闪闪的蔬菜》，玛瑞
吉·沃格赞

　　所有的孩子们都特别的兴奋，因为他们并不觉得是要吃这个蔬菜，而是要做一个非常有趣的实验，所以他们就毫不犹豫的开始去啃或者是咬，对这个蔬菜开始下手。他们很开心，并不把它作为一种吃的仪式。

　　孩子们都在不停地咬手中的蔬菜。我看到其中一个男孩子，他想做一个手链，然后他就开始一边思考一边咬手里的蔬菜，也不知道他天马行空地在想什么，咬着咬着整个蔬菜就已经被他吃完了。所以他们在做这样的"珠宝"的同时，也在无意识的一次又一次地去品尝这些蔬菜的味道。

　　最后我发现我的小女儿真的对于煮熟的陌生蔬菜有更开放的态度，更愿意去尝试。而且据其他同学的父母反应，他们的孩子也更愿意尝试新口味了。我真正喜欢这个项目的地方是，作为一个设计师，你不需要总是创造新的东西，而是需要去观察是否能够用现有的不同的元素进行新的组合，然后去提供一个新的视角。

《体积》，玛瑞吉·沃格赞

我经常从科学的研究与人类行为学的分析之中去找寻项目的灵感。我认为其中一个有趣的研究领域是人们对于我们吃了多少这件事情其实是很难判断的，通常来讲我们会依赖自己的眼睛去告诉我们的胃到底吃了多少食物。

这个世界范围内的肥胖率在不断升高，很多人每天会得到超过人体需要的食物量，随即便会造成超重的现象。如果我们每天能够帮助人们少吃一部分，或许就会对这样的情况有所改善。

所以我做了一些物体去放在盘子的中间，这个物体在潜意识里会告诉你它很像食物。当你把它放到盘子里的时候，你就会知道这个盘子已经满了，但实际上这个物体是不能吃的，使用一种欺骗自己大脑的方式，通过更少的食物来获得那种自己吃了很多食物的假象。

这个项目是我试图将科学的研究用一种更加可视化、可触摸的方式带到公众面前，但我并不是打算把这样的一系列产品放到市场上去卖，而是希望去激发人们在盘子中去放一些东西，从而达到同样的效果。比如说你今天晚上回家吃晚饭的时候，就可以找一些陶瓷杯或者是洗干净的石头，放到你的盘子里去，达到一种相似的效果。

就像我在一开始说的，我相信食物不仅仅是食物本身。当我们讨论食物的时候，它与吃食物的人是紧密相关的。我们的身体拥有非常多的感觉器官，当我们用刀叉或者是筷子去吃的时候，你仅仅是夹起这个食物，然后放到你的口腔里，并不会碰到你的嘴唇，而我们的嘴唇其实是拥有非常多的神经和感受的，所以餐具在无形之中给我们的身体和食物之间增加了非常大的距离。

这是我为香港厨师协会举办的晚宴，这个晚餐非常有意思的地方在于它所有的食物是放在倒置的玻璃杯的底上，光线从下面这个透明的亚克力桌面上照射出来，杯子是倒着的，杯子的底部有一小块食物，就像一个底座。所以人们坐在很高的位置，这样你就可以很近距离地闻一闻食物，因为通常人们不会去闻食物。

在晚宴过程中，嘉宾们被要求不能用手和任何的工具，只能用嘴去直接去吃掉放在玻璃杯底的食物，所以就形成一种非常有趣的、食物和嘴唇之间的一种关系。为了防止人们用手来作弊去吃这个食物，那么就让每个相邻的嘉宾手里共同握着一根葱的两端。通过这种方式，你可以知道你和旁边的人有没有用自己的手去吃食物，而且这个葱也可以用在之后的食物之中，是不会被浪费掉的。

另一个我经常得到灵感的场所是超市，不知道中国超市是否和欧洲的超市一样，最近越来越多用植物蛋白制作的"肉类"会出现在超市的货架上。这些动物肉类替代品往往会做成那种仿肉的形式，就是肉的复制品的一种状态。

《城市放牧景观》，玛瑞吉·沃格赞

这里面其实有一个非常重要的话题，就是复制品这件事情，因为当你复制某样东西时，你总是会认为复制的东西是次等的。比如说非常有名的画家的一幅真迹和它的复制品，我们显而易见地会认为这个复制品的价值要远远低于真品的。

但是在肉这件事情上，这是一件令人感到羞愧的事情，那些真肉，大部分是大规模养殖出来的动物肉。与之相比，生产、食用植物蛋白是会对环境更加友好的，并不是因为它们是肉的复制品就显得更加的低端。

所以我想，为什么不能给植物制品蛋白一种新的叙述方式，然后去和原本的传统肉类进行对比呢？所以我创造了这样四种植物，叫作植物性的动物肉，我给这四种植物分别赋予了自己的食性特征、产地等去编织了整个背后的故事。

第一种植物性动物叫作 HERBAST，它产于阿尔巴尼亚南部的香草地里。为了避免被捕食者发现，它身上的皮毛上全都覆盖了真正的香草。而且因为原本就是有香草在它的皮毛上的，所以它自己就是已经被香料腌好了的一种状态，等你回家去烹饪的时候，直接把它放到煎锅里就可以了。而且它的肉是方块条纹状，方块肌理可以很方便地去平分给每一个人。

第二种植物性动物叫作 PONTI，它生活在火山口的附近，因为它的日常生活就是吃火山灰和冷却的溶浆，所以它的肉自带一种烟熏的风味，而且它有一根很长、很坚固的尾巴。它的肉如果直接拿出来做好的话，就是一个带有把儿的状态，所以就很适合做宴会上的小吃，你拿着这个尾巴就可以吃掉上面的肉。

第三种植物性的动物是叫 BICCIO，它是一种鱼类，它生活在这个北太平洋中，因为它常年要吃海藻，所以它含有丰富的抗氧化物质，而且它的鱼肉的纹路是非常漂

《复制肉》，玛瑞吉·沃格赞

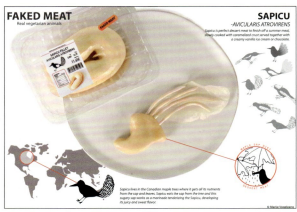

亮的，还有一些绿色海藻的成分。因为它外观很漂亮，所以很适合做寿司生鱼片这类食物。

第四种植物性的动物是一种鸟类，它生活在加拿大，以枫树的枝叶为食，所以它的肉有一种淡淡的甜味和清香，是非常适合做甜品的，需要和冰淇淋、巧克力一起搭配着食用。

这些都是处于想象中的四种植物性的动物的肉类，我觉得重构叙事，使它免于和已有的肉类体系做比较是一件非常重要的事情。有时我们也会和真正的大豆蛋白生产商合作，制造出真正的、积极的东西，然后我们会举办一个大型烧烤聚会吃这些东西。

《食物按摩沙龙》这个项目是我在探讨整个身体的感官与食物的关系。

因为我们平常可能只是用视觉、听觉的感官去处理信息，使得我们忽略了很多其他部分的感觉。当我们讨论到可持续性这个话题的时候，往往会联想到非常宏大的一些话题和叙事。但其实我认为集中在每一个个体身上的体验也是非常重要的一件事情。如果我们能够通过改变一个人的观念和感受去改变他的行为的话，那么也就可以把它推广到更多人身上。

几年前我被柏林的摄影博物馆邀请做一场与食物有关的展览。因为这是一个摄影博物馆，所以我过去的时候所有的与食物有关的展览都是照片，但我觉得这件事情很讽刺地反映了当今生活中人们对于食物的态度。我们给美食拍了很多的照片，但只用视觉去体验这些食物是片面的，所以我认为应该去屏蔽掉视觉，打开其他的感官，去建立与食物之间的联系。

所以我做了这样一个装置，叫作食物按摩沙龙，类似美容美体沙龙一样。

我在空间之中挂了很多张吊床，当你想要去体验的时候，你可以进到这个吊床里。因为吊床它是一种包裹性非常强的材料，所以它会把你的全身都包裹住，只留出一个洞让你露出嘴巴。你就会像是被包裹成一根"香蕉"一样，很蠢的一种状态。你的眼睛是被眼罩蒙上的，随后会给你一个耳机去听到一些声音，你的治疗师会戴着同样的耳机听同样的故事，然后开始给你的全身做一个按摩，最后按摩师给你全身做完按摩之后会集中到你的嘴巴附近。

然后你听到的这个声音其实是你的舌头想要对你说的一段话。因为你的舌头对你有一点点不满意，有一点点小生气，是因为你常常忽略它，你总是通过眼睛看，你通过视觉体验世界，你几乎没有闻到任何东西。当你多次品尝某样东西时，你仍然在看屏幕或做其他事情，你不会真正关注你的舌头。事实上，你的舌头可以带给你比你现在所经历的更多的东西。

《食物按摩沙龙》，玛瑞吉·沃格赞

你的舌头会引导这场体验，比如我们会在你的唇上涂可食用的唇膏，或者是一些酸奶，因为

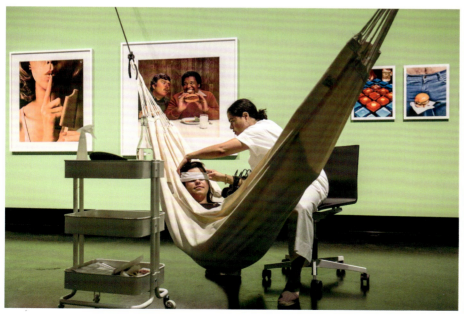
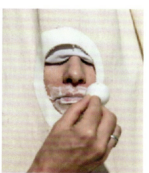
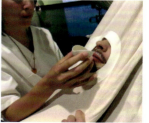

它既对你的皮肤好，又可以被你食用；还比如说给你吃一些脆的苹果块，你会跟着耳机中的节奏去咀嚼它，这样在你的口腔之中会有一个音乐会；抑或是将一点点芝麻酱放到你的嘴边，唇和牙齿之间这一块，你常常是不会用它去咀嚼食物的，或者是一些用舌头来数的木薯、珍珠等一系列的体验。

治疗师会给体验者嘴唇上放冰块，同时喷洒一些有香味的喷雾。虽然你吃到的仅仅是水本身，但是由于你闻到了一些香气，所以它会给你整个感官一种新的体验，就是这些我们与生俱来的感知能力，在这里是会被关注和放大的。

所以这一切都是关于重新连接你的嘴和你可以拥有的单一体验。最终你的舌头也会提醒你，它已经陪伴了你一生。直到你去想起很多事情，比如说你第一次吃到什么食物的体验，你第一次对清冷的体验，或者是你身体的其他部分与其他人之间的接触等这种全身的感觉。当你去意识到这些感官存在的时候，其实你对于生命会有更加丰富的认识。

最后一个要分享的项目是与政治有一点关系的，就是在匈牙利的一个项目。可能大家不太了解，在匈牙利有比较严重的种族隔离问题。有一类人叫作罗姆人，他们可能是吉卜赛的一支，在整个社会中他们会被其他人非常明显地排斥和拒绝。

我认为，如果你想要理解不同社会群体之间的关系，食物是一种非常强大的工具，你可以用它来建立人与人之间的联系。讨论到这种社会问题的时候，食物是非常有意思的一个切入点，它可以去帮助你建立不同人之间的连接。

吃食物是一回事，但被别人喂是另一回事。因为通常来讲，妈妈会喂孩子是有一种亲密的关系在其中的。所以我创造了这样一个装置，人们会被作为保姆的女性喂食，同时也会被"喂给"她们的故事。

这个装置是在你们看不到对方的情况下进行的，你走进这个白色的、像帐篷一样的空间之中，甚至里面会挂很多照片，还有一些字条，然后在那边就会有一个女性给你讲她生命中的故事以及她对食物的回忆，在这个过程中你也被纳进了她生活的一部分。当一个人去喂你食物，并且和你分享故事的时候，你就很难再去讨厌这个人，甚至会有一点点喜欢她。

通过最后这个项目，我想说的是食物在这里是一个非常重要的东西，它既是一件非常复杂的事情，也是一件非常简单的事情。在这个过程之中，人与人之间的关系被重新建立起来，所以要谢谢大家的参与！

5.4.2 问答部分

Q：关于最后一个项目中的参与者，或者是来体验的人们是如何被选的？是直接面向大众招募的吗？他们的来源是什么呢？

A：整个项目有 400 名参与者，是受当地的一个设计组织去委托的，他们只是想让我做些和食物有关的事，不一定是和吉卜赛人有关的事。但最后我和荷兰大使馆的人聊了聊，他说，你可以帮忙做点关于吉卜赛人的事情吗？这就是我做这个项目的原因。来这里的客人都是来自于这个设计组织的网络，他们只知道他们要去体验美食，他们不知道是关于吉卜赛人的问题。

Q：你是如何建立信任的呢？因为观众要去吃别人喂给你的食物，而且是陌生人，而且是有这样种族关系的人，其实是一件蛮需要勇气的事情。那么你在这个项目或其他项目中如何处理这些问题呢？

A：它首先是在这样一个场景之中，你是看不到他的脸的，所以你们之间并不会有一种眼神的接触，因为眼神的接触，会增加这种陌生人之间交流的一种紧张感，所以这个是其中一个非常重要的点，但其实在每一个项目之中，我都在试图去营造一种有一点点不安全或者是奇怪的感觉，去帮助人们更好地打开感知。

Q：你有没有想过未来的食物设计？气候会变得极端，我们正面临着气候危机，食物设计师会如何应对？

A：我认为这是一个非常有趣的主题，我的几个展览中有很多这方面的思考，都是关于在未来我们将做些什么。我认为在设计中创造对危机感的体验是很重要的，将设想的未来像真实世界一样带给观众。我认为这真的是设计师的职责，我们可以去进入这个领域并创造这些场景，这样其他专业领域的人就能理解现在可以做什么，并开始改变未来。

Q：我觉得你的很多项目都非常有创造性，里面有很多想法也非常有意思，甚至可以说是浪漫了，非常巧妙，然后我想知道这件事是你的灵感，还是基于你的深入调研？

A：是的，我想我可以想象，你会说，也许这是一个浪漫或诗意的。我认为这是非常重要的，作为人类，我们都有一种可以创建幻想和想象的能力，不仅仅是作为艺术家或设计师。但是我认为作为人类，我们相信很多幻想的东西，我们认为是真实的，例如，金钱的价值是不真实的，这是我们都相信的一种幻想，以及或者民族和国家也是我们赖以生存的一种幻想，那些我们人类共同相信的幻想，我认为它们是非常强大的，因为我们对周围事物的叙述可以帮助我们以完全不同的方式看世界。这也正是我们作为生物与动物的不同之处。因为我们通过语言，通过一种我们看不见的集体信念，我们相信它，并使我们以某种方式行动，我觉得这很有趣。所以我可以理解，你会认为我的项目是浪漫的，但我也认为如果我们拆除大系统分解成更小的系统，我们可以看到，世界上发生的一切，下面总有人类的一切行为。所以政治是由人类来做的，但大公司最终也是由人类来做的，这些人也吃东西，也有感情，而且很脆弱。我认为把这一切都分解成一个吃东西的人可以帮助你更灵活地从不同的角度看待事物，因为只考虑解决方法总是会产生新的问题。所以如果你为一件事创造了解决方案，你就在另一件事上创造了一个问题。所以我坚信，通过诗歌或浪漫的项目，帮助人们更有创造力地看待生活，可以使人们更敏感、更有弹性，这种思维方式也更有想象力。我认为这为一个更健康的未来创造了肥沃的土壤。

Q：在你的食物设计中，如何处理不同地区和文化的多样性，或者如何处理全球主义和地区主义之间的关系？

A：我认为我所关注的食物或者我做的这个设计，并不是在文化的这一层，而是在一个更加基础的所有人都共享的这样的一种情境里面，比如说不管什么地方的人们都会相爱，都会觉得一些事情很有趣，人们都会哭泣，就这些人类共有的基本的情感，基本的心理学的行为上面的反应，是我做很多项目的一个关注点，设计是在文化这个层面之下更基本的一层。

Q：你有没有关于开展食物设计的系统框架，去体系化地指导项目开展，或者你只是非常自由地去做不同的项目？

A：当我开始研究食物时，世界上还不存在任何这样的理论或者是框架。我喜欢做一些事情，因为我对它感兴趣。从那以后，我做了很多项目和研究，我还在雀巢的食品行业工作过。现在我有了自己的系，在设计学院和城市学院，我也做在线教学。我以自己 20 多年的工作经验和发现事物如何运作的经验作为基础，在网上教人们关于食物和设计的知识，但我也联系了很多科学家，了解他们如何看待人类行为和食物。我也会关注我的同事们在食品和设计方面的工作，这就是我所使用的框架。但当我创作新作品时，我主要关注的是人类如何思考，如何行动，以及他们如何以一种非常直观的方式表现，因为我认为框架很有趣，但童年的好奇心会让作品变得独特。像孩子一样的好奇心，是推动整个项目不断往前探索的非常重要的一环。理论和好奇是两个我都非常看重的方式。

Q：你们设计学院的课程结构是怎样的？

A：在我们这个方向的话，其实关注的是叫作"living matter"，即"活着的物质"，在这大类里你可能是研究这个微生物的，或者是研究大豆的，或者是研究这个政治体的，这些都是可以的，然后你可以在这些不同的方向之中自由地探索，选择你认为最感兴趣的方面。

Q：你认为我们现在的饮食习惯是受媒体力量或资本的影响或控制的吗？你怎么看的？你对这种现象的态度是什么？

A：确实，这是一个非常有趣的问题，我们目前的饮食确实在很大程度上是被政治影响的，因为饮食本身就是一个政治性的行为。但是我不认为这是明显的好的或者是不好的，我更希望通过这样一系列的项目去让人们重新思考，然后去提出一种新的关于吃的可能性，进而去激发人们对于吃的想象，去质疑现有的这样的一种状态。让人们能够跳出、认清这样的一个形式，然后再跳出来去思考我们要怎样去做，给人们选择的自由。

（内容整理：柳思缘）

附录

危机与生态设计教学方法的构建——中央美术学院设计学院教学改革之探索

世界正在经历迅速的、全方位的变革：非线性发展超越传统认知；世界经济体间冲突加剧；颠覆性科技重构产业。各国的增长模式转型为人才资本驱动和创新驱动型。在这系列挑战下，教育如何匹配社会的发展成为时代命题。近些年来，国内院校都相继进行设计学科的教学改革以及新兴学科建设。笔者结合近几年的经验，对新学科的架构和创新课程进行探索，从新兴学科危机与生态设计的建设背景、构建方法和项目教学案例三方面进行梳理，展示出央美教学改革的价值。

一、新兴学科的建设背景

1. 设计面对世界危机

2020 年全球大流行的疫情颠覆了人类的生活与生产方式。未来世界愈发呈现复杂性、风险性与不确定性。反思成为全人类在"人类纪"生存的重要功课。

一方面，危机已成为全球社会的一种新常态。生态破坏，气候变更，尤其是社会如何回应生态环境问题是引发人类社会巨变的关键因素。[1] 由于当今社会的高度全球化和现代性，任何一个地方性的风险都是全球性风险[2]，例如 2011 年日本福岛核泄漏事件、2012 年的美国桑迪飓风、2019 年的东非蝗灾和 2020 年的疫情。

另一方面，构建"生态文明"和"人类命运共同体"是我国提出的重要发展目标。[3]生态文明是继农业文明、工业文明之后的一种新的文明形式，是后工业社会的重要特征。[4]生态文明建设系统地涉及生态与自然、健康城市、可持续发展等多个方面的内涵。"人类命运共同体"则是中国呼吁全球共同面对气候变化、环境污染、疾病流行、资源短缺等挑战的号召。

这些全球挑战和中国语境为设计提出又一个新的出发点和使命。设计在 21 世纪最大的任务将是"重建地球"，并用设计作为媒介帮助人们应对不确定性。[5] 哲学家乔安娜·梅西把这个新局面的出现称为"伟大的转折"。[6]

[1] 贾雷德·戴蒙德. 崩溃 [M].上海：上海译文出版社，2008.

[2] 乌尔里希·贝克. 风险社会 [M]. 3 版. 南京：译林出版社，2018.

[3] 龚天平，饶婷. 习近平生态治理观的环境正义意蕴 [J].武汉大学学报 (哲学社会科学版)，2020, 73(01): 5-14.

[4] 丹尼尔·贝尔. 后工业社会的来临 [M]. 南昌：江西人民出版社，2018.

[5][6] PAOLA ANTONELLI. Design and the Elastic Mind[M]. New York: The Museum of Modern Art, 2008.

2. 危机与生态设计的相关经验与反思

有关生态、环境、危机设计的现代设计学科发展可以分为四个阶段。

（1）第一阶段"萌芽时期"

从 1933 年开始，包豪斯最早的建立者，包括校长格罗皮乌斯、构成类课程教师拉斯洛·莫霍伊－纳吉（Laszlo Moholy-Nagy）、印刷系教师赫伯特·拜尔（Herbert Bayer）在内的大量设计师被迫流亡到伦敦。在伦敦时期的这段时间，设计师与生物学家、生物科幻作家产生大量碰撞，并开始探讨生物学对于重塑社会的作用，开展环境敏感性设计，以及用"人类世生态学"作为主要的方法论工具。[1] 随后，这些理论被带到美国的波士顿、 芝加哥等地生根发芽，成为后来哈佛大学、芝加哥艺术学院的早期环境主义理论。

（2）第二阶段"激进时期"

20 世纪的六七十年代，世界经历了一场彻底的变革。以《寂静的春天》《增长的极限》和《人类环境宣言》的发表为导火索，环境运动波澜壮阔地展开。代表之一的地球号宇宙飞船船长富勒的生态理想是用设计缓解人口对环境的压力，以及能源消耗引起的社会问题。[2] 另一位代表是设计革命家维克托·帕帕奈克，他为地球和人类社会提出了有责任感的现代设计并开创"绿色设计"和"可持续设计"的先河。[3]

（3）第三阶段"大众设计"

随着学科发展的逐渐积累，20 世纪八九十年代探讨人与环境的景观设计、 环境设计、人居设计、可持续设计逐步发展壮大。继承环境主义者格罗皮乌斯衣钵的麦克哈格在宾夕法尼亚大学、哈佛大学创立了景观设计、生态设计体系；吴良镛在生态保护运动的思想先驱芒福德的影响下建立人居环境大学科体系[4]；在工业设计领域，帕帕奈克的绿色设计原则也被广泛应用。

（4）第四阶段"转型时期"

2010 年左右，随着气候变化日益严峻，世界一流大学相继开设相关研究课题，如哈佛大学的"未来城市环境"课题、东京大学的"自然灾害的生物设计"、英国皇家艺术学院的"未来保护设计"等。除此之外，一轮新兴学科开始涌现，如 2013 年哈佛大学新增"危机与弹性设计"（Risk and Resilience）专业方向，中央圣马丁艺术与设计学院 2019 年相继新增"生物设计"（Biodesign）和"材料未来"（Material Future）专业。在新科技与新问题的影响下，生态设计与危机设计呈现回潮与转型的趋势。

然而，以往相关的学科建设有以下问题。第一，相关学科概念模糊而宽泛。从绿色设计、仿生设计到生态设计再到可持续设计、环境设计，虽然有过渡和升级[5]，但仍然涵盖层面过于广泛，没有明确的理论脉络。第二，研究课题仍以学科为界限而非问题为导向，有悖设计教育发展的原则。在产品设计、环境设计、景观设计学科中都有探讨有关生态、环境危机的课题，但又是相互独立的体系，不能为复杂的问题提供"一套"整合的解决方式。第三，以往的设计结果大多过于温和，产生的影响力有限。[6]

3. 中央美术学院设计学院的教学改革

在科技推动时代变革的语境下， "跨越式的发展"成为中国高等教育现状的关键词。其中，中国的设计教育由孕育期、成长期过渡到战略期。而战略期以 2015 年开始的中央美术学院设计学科教学改革为标志。中央美术学院设计学院的教学改革完成了从

[1] 佩德·安克尔. 从包豪斯到生态建筑 [M]. 北京: 清华大学出版社，2012.

[2] 理查德·巴克敏斯特·富勒. 设计革命: 地球号太空船操作手册 [M]. 武汉: 华中科技大学出版社，2017.

[3] 维克多·帕帕奈克. 绿色律令: 设计与建筑中的生态学和伦理学 [M]. 周博，刘佳，译. 北京: 中信出版社，2013.

[4] 吴良镛. 芒福德的学术思想及其对人居环境学建设的启示 [J]. 城市规划，1996 (1): 51-55.

[5] 维克多·马格林. 人造世界的策略 [M]. 南京: 江苏美术出版社，2013.

[6] 苏新平. 中央美术学院教学改革之思 [J]. 美术研究，2017(3): 14-16.

1.0 到 5.0 五个版本的升级，实现了由"理念"到"系统"再到"范式"的深化过程。"颠[1]覆性地创造未来标准制定者"是教学改革的核心内容之一。

在教学方式上，设计学院的改革可以概括为"优化学科结构，融通专业关系，实行开环机制"。[2] 在传统学科的基础上，设计学院新增了社会设计、创新设计、系统设计和危机与生态设计四个复合型专业，加上传统学科，共计 12 个研究方向。设计学院强调从"以学科为基础"转向"以问题为基础"[4]，鼓励学科融合和跨文化协作。危机与生态设计方向就是在外部大环境变化与内部教学改革的双重推动下正式成立。

二、危机与生态设计学科的构建

1. 危机与生态设计专业的学科定义与定位

中央美术学院设计学院的危机与生态设计学科，在智慧城市学科本科和研究生阶段分别开展了 2 年和 5 年的教学实践，于 2020 年 9 月正式更名，是央美设计学院教学改革推动下产生的新兴学科。

"危机与生态设计"是以生态学、生命科学、合成材料科学、地理信息学、未来学辅助设计科学，对环境和生态危机造成的负面影响进行预测并提供灵活的、创新的愿景和解决方案，为个人、社区、城市和国家设计"危机减震器"。"危机与生态设计"学科要求学生在"危机设计""生态图谱""弹性城市"和"潜行科技"四大领域进行深耕，培养学生成为可以撬动资源的全域设计师[3]，并鼓励学生更多地参与到不同类型的组织与项目中，更新设计文化，引领变革，定义未来之设计。

危机与生态设计考虑的问题包括：如何制定与周围生态系统相适应的解决方案？（生态图谱）如何与生命系统合作，为新的可持续材料、可持续发展制作原型？（危机设计）如何设计危机反馈系统去改善当代城市复原力、人类和环境的健康问题？（弹性城市）如何通过大数据、计算机、生物科技等技术模拟地球的资源、能源、材料，并通过可编辑的生命系统提高生存效率？（潜行科技）

[1][4] 宋协伟 . 宋协伟 : 后续教学改革关键词——"颠覆性地创造未来标准制定者"[J]. 设计 , 2019, 32(04): 58-61.

[2] 张欣荣 . 作为教学改革的整体或部分——中央美术学院设计学院视觉传达设计专业教学 [J]. 装饰 , 2020(6): 24-27.

[3] 吕明 . 把握机遇 改革创新 跨界融合 面向未来—— 中央美术学院 2017 年本科教学改革研讨会综述 [J]. 美术研究 , 2018(3): 108-110.

危机与生态设计教学方法，景斯阳绘制

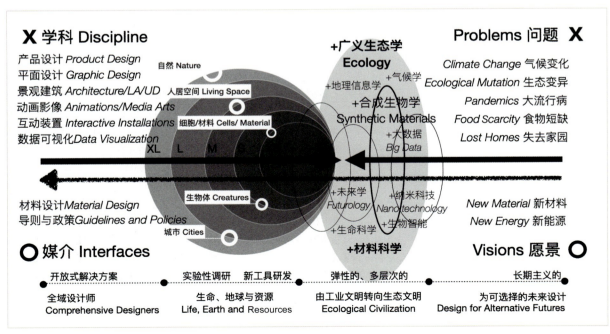

2. 危机与生态设计专业的特色与优势

（1）危机与生态设计专业的特色

危机与生态设计专业的教学方法主要应用于本科二年级专业核心课程和三年级研究型课程。此教学方法强调培养学生四个层次的能力，即"尺度感""危机感""全域性""平台性"。在学生设计过程中，注重"前瞻性""去专业性"和"社会性"意识的引导。

在基本教学方法的引导下，两个鲜明的学科特色形成了。

第一，危机与生态设计专业着重发展复合型课程。复合型课程就是将理论、技术、设计方法、材料、多领域融合创新等不同的课程打包融合在一个课程里面，并以项目制学习（PBL）为单元。复合型课程是针对高校教育和市场能力需求不匹配的问题提出的解决方案。硅谷著名设计师 Gadi Amit 在《快公司》杂志曾发表《美国设计学校十分混乱，并教育出毫无竞争力的毕业生》一文，抨击美国设计教育设计过程极端化、评价标准混乱、技能和调研无法与实际项目接轨等问题。乔布斯也曾指出"我们行业的很多人缺乏多领域的经验，所以他们没有足够的连接点，面对问题时，最终只能得到单一的、线性的解决方案，对问题没有广泛、多面的了解"。[1] 复合型课程的产出是两方面的。首先，学生的投入产出比及兴趣值提升，即 PISA（国际学生能力评估计划）值高。大学的学习成长速度和社会所需的高绩效匹配。其次，多学科、多角度学习利于学生进行知识迁移，并创新地与不同的场景接轨。

第二，危机与生态设计是 scale-up（放大尺度）的过程。危机与生态设计关注的主体由生物到生态再到生存，尺度由微生物尺度、人体尺度、房间尺度、街道尺度、城市尺度、城市群尺度最后到全球尺度。学生必须要通过 zoom in（缩小范围），zoom out（放大范围）来理解不同事物与事物之间的联系，这将超越对物体本身的关注。设计过程将比设计结果更加重要。

（2）危机与生态设计专业的发展优势

危机与生态设计专业拥有国际化的师资团队，教师学历背景有哈佛大学设计学院、麻省理工学院媒体实验室、麻省理工学院艺术科技与文化方向、宾夕法尼亚大学以及伦敦大学学院。其次，危机与生态设计专业依托跨学科交流平台，在生物合成材料、智慧城市、脑机接口、无人驾驶、大数据、生态科研领域均有合作实验室。

3. 新的培养目标

危机与生态设计专业培养具有生态责任、远见性和全域性的人才，其中特别强调人才的战略目光和独特性。首先，人才的战略目光是危机与生态设计专业培养目标的核心。危机与生态设计希望学生加强有意义的学习，进而承担更多责任。正如芬兰教育改革强调的那样，鼓励人才参与、影响、塑造可持续的未来并为之负责。"我认为设计师应该更多地关注自己所探索的问题，而不只是设计本身。显然，要解决新的问题需要我们新的思考和行动，并通过多学科之间的合作来完成。"皮特·司库佩里（Peter Scupelli）曾如此建议。

其次，培养学生的独特性是培养目标的重要方面。以学生为中心的学习是欧洲高等教育教学改革的核心命题。[2] 教师的定制化教学方案更易于激发学生的潜能，引导主动学习、深层学习，并让学生在人工智能的冲击下可以有独特的立足点。就像基因测序和基因编辑一样，教师和教学通过动态调整教学方案和扁平化管理充分为每个学生"检测"并"编辑"他们的优势，使得学生有独特的能力在未来世界不被淘汰。

[1] 唐纳德·A·诺曼. 设计心理学 1[M]. 小柯，译. 北京：中信出版社，2015.

[2] 刘海燕. "以学生为中心的学习"：欧洲高等教育教学改革的核心命题 [J]. 教育研究，2017, 38(12): 119-128.

基于以上对新兴专业的探讨，笔者以危机与生态设计大二核心课程"响应式环境－海洋增强"为例，展开教学方法的讨论，分析与反思教学改革的落实情况。

1. 课程设置与教学目标

"响应式环境－海洋增强"课程开设于 2020 年春季这一特殊时期，在社会危机与生存危机的语境中，以海洋生态危机和濒危物种中华白海豚为主题，探讨孕育地球生命的海洋的未来。以海洋和中华白海豚为主题，一方面，考虑到授课对象——本科二年级学生的设计能力较为基础，选择一个具体的主题便于迅速深入；另一方面，课程与世界自然基金会（WWF）合作，共同为6月8日的世界海洋日助力，唤醒大众意识，呼吁实际行动。

总的教学目标是为了培养新时代的全域设计师。具体来说，本课程的教学目标在于：第一，对海洋危机的研究与理解，培养学生的危机意识和科研能力；第二，通过跨领域创新让频发的灾害减速，对地球环境进行修补，培养学生"全域设计"的能力；第三，以设计为媒介将自然危机剖析、放大并提出切实可行的"生态设计""修补式设计"方案，从而培养学生的社会影响力和生态责任感。

"响应式环境－海洋增强"课程开设在本科二年级下半学期，历时 8 周，共 96 个学时，4.8个学分。课程学生人数控制在 10 人左右。课程分为四个部分，分别是：生态图谱、危机设计、参数自然、生态策展。四个部分层层递进，由单一到综合，简单到复杂，理论到实操，分别从设计与科学、设计与责任感、设计与跨行业合作、设计与技术、设计与影响力多个维度展开。

2. 教学形式与安排

教学过程中涉及方法与理论、技术与工作坊、一对一辅导、工作室、演讲、自主学习等多样化的教学形式。在每周三次的课程安排中，周一设置理论、方法、案例的讲座，周三设置技术层面的工作坊或一对一辅导，周五是学生的演讲和汇报。为了让学生充分推进设计过程，每周教师会发布一份详细的任务书，确保任务周周都有明确进展。笔者作为课程负责人，把控所有学生的项目进程；另有一名技术老师，解决方案落地过程中的技术问题；此外，为了打破知识的局限性，笔者邀请各个领域专家近 10 位，包括世界自然基金会的环保专家、伦敦大学学院生物设计方面研究者、麻省理工学院艺术科技与文化领域学者、人工智能技术方面专家、策展人、生物合成材料方面科学家等。

（1）第一部分：生态图谱

生态图谱部分一方面强调学生们要用科学的调研方法，不仅仅局限于生态领域，还要深入其他领域调研，比如白海豚的病理学、白海豚听力构造学、石油对动物羽毛的危害等。另一方面，同学们需要将大数据和研究报告中的抽象数字转换成"可感知的数据"。比如：将研究报告中"海底噪音可以传播 1.7 万公里"转化成"海底噪音可以传播的距离比北京到纽约之间的距离还要远"。

（2）第二部分：危机设计

在危机设计部分，学生不光要有危机意识，还要运用全域设计的方法提供方案。课程鼓励学生找到最严重的问题下手，比如有位同学以海洋中的水污染为出发点，发现了全世界每年约有4200 多亿立方米的污水排入江河湖海，这个量如果置换成洁净水，足以让 76 亿人喝一辈子。在找准问题之后，学生需要采用多媒介而非单一媒介的手段进行实践。在此课程中，同学们的实践方式有：可穿戴设备、新材料实验与制作、3D 打印、可互动装置、游戏等。

（3）第三部分：参数自然

参数自然部分借助 Google Earth、Grasshopper、Processing、Arduino 等软件和编程方法模拟出环境变化对白海豚的影响，比如噪声、污水排放对白海豚栖息地范围与活动轨迹的干扰。通过软件模拟，学生们更加直观地看到各项干扰作为变量参数对环境的危害。

（4）第四部分：生态策展

最后一部分生态策展作为课题的总结将学生作业拓展成为具有公众影响力的展览项目，让设计的影响不仅仅停留于小范围内，而通过叙事与传播使大众产生共鸣。同时，拓展学生全域设计的能力，引导学生将大二的课题延展成为一个更长远的研究型项目。

整个课程的设计关键词包括："理解""共情""激活""修复""增强""孕育"。课程组织同学们完整地经历科学调研、大数据分析、交叉领域创新、软件学习、技术测试、实物制作、表达与策展多个部分。在跨领域创新方面，课程涉及病理学、地质学、生态学、材料学、人工智能等多个领域的探讨与交叉创新。笔者针对本科二年级专业基础类课程的特性，系统性地教授学生学习和研究的方式方法，而非具体的知识和技能，贯彻了先进的 PBL 教学方法。

3. 评价形式与反思

课程评价分为三个维度，分别是教师评价、学生自我评价和社会评价。在教师评价部分，教师不仅有口头的评价和反馈，还根据课程的目标设置了"科学调研""大数据叙事""交叉领域创新""技术 / 材料创新""实物制作""表达与策展"六块评价内容，并在学生项目之间产生横向对照。而自我评价方面，课程强调学生在自己能力基础上，

危机与生态设计教学方法原型，景斯阳绘制

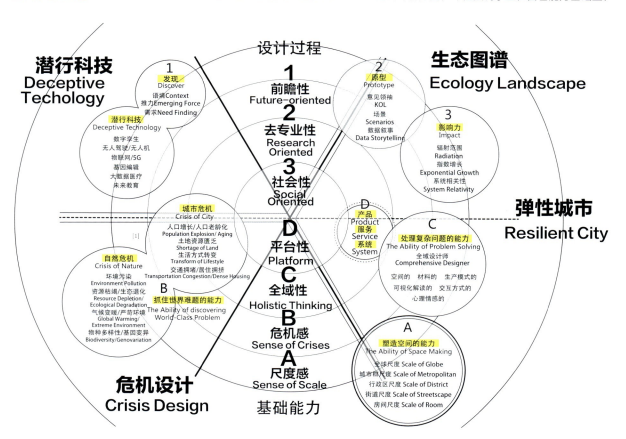

审视个人的进步幅度、努力程度和求知态度，达成纵向自我评价。此外，社会评价也是此课程的重要落脚点。

另外课程也收到多方面反馈。从学生的课程总结来看，他们对课程给予充分肯定，认为学习目标清晰、兴趣感强，有较大的、多方面的进步。从汇报后领导及专家反馈来看，课程架构完整且富有创新，学生作业质量高，超越正常二年级作业的水准，达到了未来人才培养的目的。但是笔者也发现以下问题：第一，课程涉及的基本技术和动手环节较多，需要同学们在高年级的学习中反复跟进才能熟练加以应用；第二，课程的构架方式对老师的素质本身要求高，对老师的资源调配能力、知识储备能力是巨大的挑战，需要教师自身不断学习进步；第三，8 周的课程非常紧凑，如果课题可以扩展成为更长期的研究性课题将会更加深入；第四，在涉及的技术与科学方面需要更加严谨，应该跟相关领域的科学家有更紧密的合作。

结语

全球气候变化、社会更迭以及科技变革给地球可持续发展带来日益严峻的挑战，疫情成为所有冲突和矛盾的加速器、放大镜。在当前语境下，培养未来设计标准的制定者，营造全球化的扁平创新教育平台，无疑是央美设计教学改革的最终目的。设计教育的改革和新学科的建立是发展所需，一切都才刚刚开始。在设计并不长的学科历史中要有所创新和变革还需要时间的验证和社会发展的考验。央美设计学院危机与生态设计方向的学科建设是央美设计教育改革的一个切片，提供一种学科构建与课程组织的方式给大家进行探讨，希望对中国的设计教育改革事业发展有所贡献，让课题更加深入。

原文发表于《美术研究》2021 年第二期。题目为"新兴学科：生态危机设计教学方法的构建——中央美术学院设计学院教学改革之探索"。

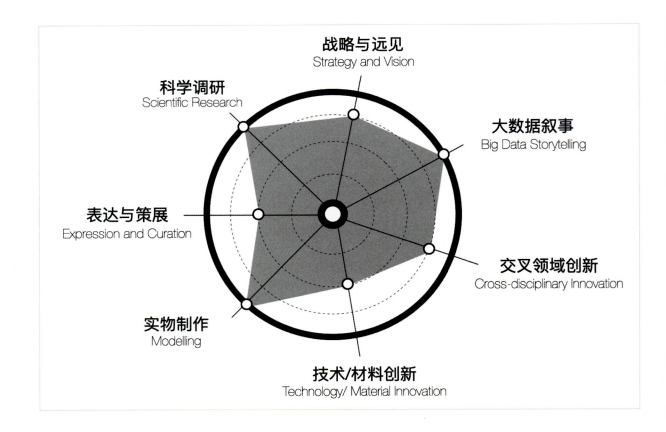

地缘政治 Geopolitics
新材料 Innovative Material
资源创新 Resources Innovation
碳中和 Carbon Neutrality
气候难民 Climate Refugees

地缘生态
Geo-Ecology

Zooetics Course Series
生态诗学系列课程

生态诗学-人类的去中心化与共生
Human Decentralization and Symbiosis
生态诗学-微观实验室 Micro Lab

Future City 2050 Course Series
气候货币系列课程

未来城市2050-诺亚方舟 Noah's Ark
未来城市2050-通感城市 Synesthesia City
未来城市2050-生态无限计划 Eco-Infinity Project
气候货币计划-食物图景 Visions of Food

替代性货币 Alternative Currency
供应链 Supply Chain
劳动力 Labor
土壤安全 Soil Security
食物里程 Food Mile
生态足迹 Ecological Footprint

生命共同体
Living Community

生命智能 Life Intelligence
流行病 Epidemic
生物多样性 Diversity
生态足迹 Ecological Footprint

Responsive Environment Course Series
响应式环境系列课程

响应式环境-海洋增强
Marine Augmentation
响应式环境-呼吸与生存
Breathing and Survival

The Touchpoint of Smart
City Course Series
智慧城市的触点系列课程

智慧城市的触点-无人驾驶颠覆下的未来城市 Autonomous Vehicle
智慧城市的触点-地铁新体验 Innovative Experience of Metro System
智慧城市的触点-钢铁侠计划 Iron Man Project

气候货币
Climate Currency

Ecological Element Landscape Course Series
生态要素关系图解系列课程

生态要素关系图解——校园垃圾物质流
Campus Waste Material Flow

危机设计
Crisis Design

临界点 Tipping Point
增长的极限 The limit of Growth
可持续发展 Sustainable Development
风险社会 Risk Society

Post-Carbon Futures Course Series
后碳未来系列课程

后碳未来-为空气设计
Designing for the Air

中央美术学院设计学院危机与生态设计教学框架，景斯阳绘制

21世纪以来，气候变化、生物变异、科技爆炸性增长、全球系统性变革不可逆转地塑造着我们的生存环境。危机与生态设计是以自然和生命为本的新兴设计学科。危机与生态设计基于广义生态学，以生命科学、合成材料科学、地理信息学、气候学、未来学辅助设计科学，对不确定的未来进行预测，提供具有长期主义的、弹性的、多层次的愿景和开放式解决方案，为生命、地球和可选择的未来而设计。危机与生态设计基于设计研究的方法，通过实验性的调查，开发新的研究和交流工具，建立新的方法论，来促进对当今复杂现实更深入的理解，在系统、材料、资源、技术、社会和话语可能性方面提出变革性的干预措施。研究的关键词有：气候货币、后碳设计、响应式环境、超物体、人类世、生命制造、第三自然、生态资本、星球改造、气候设计、弹性设计、合成生物学设计、负碳制造、资源创新、人类福祉、危机与适应力等。

"危机与生态设计"汇集各种知识框架，从人文主义到生态学，从动植物权利到人工智能，从人类世到第三自然，从地球核心到外层空间。在空间尺度上，从 XS 尺度的生物制造到 XL 尺度的地球工程，进行系统性的创新规划与设计；在时间尺度上，在短期、中期、长期维度下将知识重组并创新。该方向希望培养一个从业者社群，如设计师、建筑师、艺术家、政策制定者以及具有人文和科学研究背景的全域型人才，撬动资源，将设计作为研究和实践的工具参与到不同类型的组织中，更新设计文化，引领变革，定义未来之设计。

中央美术学院设计学一级学科作为国家"双一流"建设获批学科，已经建成视觉传达设计、数字媒体艺术、公共艺术与设计、环境艺术设计、生活产品设计、服装与服饰设计、艺术与科技、艺术设计学等目录内的二级学科，以及自主创设的出行创新（交通工具）设计、社会设计、设计管理、创新设计、系统设计、危机与生态设计（智慧城市）、艺术治疗、服务设计及设计策展与空间叙事等新增二级学科。同时，在保持现有学科口径范围优势下，设计学科以对中国社会未来形态和经济模式整体研判为基础，以积极应对全球科技、经济和社会变革为契机，以培养具有中国文化立场和全球意识的顶尖人才为目标，以服务于国家重大战略举措为根本，全面深化改革和创新驱动发展。

面对新时代的形势变局、产业变革、危机与挑战，深刻研读新文科建设内核，设计学院以中国高等教育发展新需求、新变化、新阶段、新特征为依据，将设计学科与现代信息技术等其他专业集群相融合，基于新工科、新医科、新农科提出的新命题、新方法、新技术、新手段，创造新方向、新标准及新价值判断，并研判后疫情时代的全球政治、经济变化，以人类既有的社会组织结构、生产与消费方式为课题研究切入点，以学科专业划分为工具与方法，构建危机意识主导的全新学科教育架构与学科资源整合平台，全面聚焦应对人类未来生存模式的思考与行动。